U0155870

SAME

The Same Planet

同一颗星球

PLANET

在 山 海 之 间

在 星 球 之 上

"同一颗星球"丛书

刘东　主编

Edward B. Barbier

THE WATER PARADOX

OVERCOMING THE GLOBAL CRISIS IN WATER MANAGEMENT

［美］爱德华·B. 巴比尔——著

俞海杰——译

水悖论

江苏人民出版社

图书在版编目(CIP)数据

水悖论 / (美) 爱德华·B. 巴比尔著 ; 俞海杰
译. 一南京 : 江苏人民出版社, 2024.7
("同一颗星球"丛书)
ISBN 978 - 7 - 214 - 27412 - 0

Ⅰ. ①水… Ⅱ. ①爱… ②俞… Ⅲ. ①水资源管理一
研究一世界 Ⅳ. ①TV213.4

中国版本图书馆 CIP 数据核字(2022)第 128603 号

The Water Paradox: Overcoming the Global Crisis in Water Management by
Edward B. Barbier

Copyright© 2018 by Edward B. Barbier
Originally published by Yale University Press
Simplified Chinese edition copyright © 2024 by Jiangsu People's Publishing House
ALL RIGHTS RESERVED
江苏省版权局著作权合同登记号 : 图字 10 - 2019 - 561 号

书 名	水悖论	
著 者	[美]爱德华·B. 巴比尔	
译 者	俞海杰	
责 任 编 辑	汤丹磊	
装 帧 设 计	今亮后声·闫磊	
责 任 监 制	王 娟	
出 版 发 行	江苏人民出版社	
地 址	南京市湖南路 1 号 A 楼,邮编:210009	
照 排	江苏凤凰制版有限公司	
印 刷	江苏凤凰盐城印刷有限公司	
开 本	652 毫米×960 毫米 1/16	
印 张	15.5 插页 4	
字 数	195 千字	
版 次	2024 年 7 月第 1 版	
印 次	2024 年 7 月第 1 次印刷	
标 准 书 号	ISBN 978 - 7 - 214 - 27412 - 0	
定 价	68.00 元	

(江苏人民出版社图书凡印装错误可向承印厂调换)

总　序

　　这套书的选题，我已经默默准备很多年了，就连眼下的这篇总序，也是早在六年前就已起草了。

　　无论从什么角度讲，当代中国遭遇的环境危机，都绝对是最让自己长期忧心的问题，甚至可以说，这种人与自然的尖锐矛盾，由于更涉及长时段的阴影，就比任何单纯人世的腐恶，更让自己愁肠百结、夜不成寐，因为它注定会带来更为深重的，甚至根本无法再挽回的影响。换句话说，如果政治哲学所能关心的，还只是在一代人中间的公平问题，那么生态哲学所要关切的，则属于更加长远的代际公平问题。从这个角度看，如果偏是在我们这一代手中，只因为日益膨胀的消费物欲，就把原应递相授受、永续共享的家园，糟蹋成了永远无法修复的、连物种也已大都灭绝的环境，那么，我们还有何脸面去见列祖列宗？我们又让子孙后代去哪里安身？

　　正因为这样，早在尚且不管不顾的 20 世纪末，我就大声疾呼这方面的"观念转变"了："……作为一个鲜明而典型的案例，剥夺了起码生趣的大气污染，挥之不去地刺痛着我们：其实现代性的种种负面效应，并不是离我们还远，而是构成了身边的基本事实——不管我们是否承认，它都早已被大多数国民所体认，被陡然上升的死亡率所证实。准此，它就不可能再被轻轻放过，而必须被投以全力的警觉，就像当年全力捍卫'改革'时一样。"①

　　的确，面对这铺天盖地的有毒雾霾，乃至危如累卵的整个生态，作为长期惯于书斋生活的学者，除了去束手或搓手之外，要是觉得还能做点什么的话，也无非是去推动新一轮的阅读，以增强全体国民，首先是知识群体的环境意识，唤醒他们对于自身行为的责任伦理，激活他们对于文明规则的从头反思。无论如何，正是中外心智的下述反差，增强了这种阅读的紧迫性：几乎全世界的环境主义者，都属于人文类型的学者，而唯独中国本身的环保专家，却基本都属于科学主义者。正由于这样，这些人总是误以为，只要能用上更先进的科技手段，就准能改变当前的被动局面，殊不知这种局面本身就是由科技"进步"造成的。而问题的真正解决，却要从生活方式的改变入手，可那方面又谈不上什么"进步"，只有思想观念的幡然改变。

　　幸而，在熙熙攘攘、利来利往的红尘中，还总有几位谈得来的出版家，能跟自己结成良好的工作关系，而且我们借助于这样的合作，也已经打造过不少的丛书品牌，包括那套同样由江苏人民出版社出版的、卷帙浩繁的"海外中国研究丛书"；事实上，也正是在那套丛书中，我们已经推出了聚焦中国环境的子系列，包括那本触目惊心的《一江黑水》，也包括那本广受好评的《大象的退却》……不过，我和出版社的同事都觉得，光是这样还远远不够，必须另做一套更加专门的丛书，来译介国际上研究环境历史与生态危机的主流著作。也就是说，正是迫在眉睫的环境与生态问题，促使我们更要去超越民族国家的疆域，以便从"全球史"的宏大视野，来看待当代中国由发展所带来的问题。

　　这种高瞻远瞩的"全球史"立场，足以提升我们自己的眼光，去把地表上的每个典型的环境案例都看成整个地球家园的有机脉

---

① 刘东：《别以为那离我们还远》，载《理论与心智》，杭州：浙江大学出版社，2015年，第89页。

动。那不单意味着,我们可以从其他国家的环境案例中找到一些珍贵的教训与手段,更意味着,我们与生活在那些国家的人们,根本就是在共享着"同一个"家园,从而也就必须共担起沉重的责任。从这个角度讲,当代中国的尖锐环境危机,就远不止是严重的中国问题,还属于更加深远的世界性难题。一方面,正如我曾经指出过的:"那些非西方社会其实只是在受到西方冲击并且纷纷效法西方以后,其生存环境才变得如此恶劣。因此,在迄今为止的文明进程中,最不公正的历史事实之一是,原本产自某一文明内部的恶果,竟要由所有其他文明来痛苦地承受……"①而另一方面,也同样无可讳言的是,当代中国所造成的严重生态失衡,转而又加剧了世界性的环境危机。甚至,从任何有限国度来认定的高速发展,只要再换从全球史的视野来观察,就有可能意味着整个世界的生态灾难。

正因为这样,只去强调"全球意识"都还嫌不够,因为那样的地球表象跟我们太过贴近,使人们往往会鼠目寸光地看到,那个球体不过就是更加新颖的商机,或者更加开阔的商战市场。所以,必须更上一层地去提倡"星球意识",让全人类都能从更高的视点上看到,我们都是居住在"同一颗星球"上的。由此一来,我们就热切地期盼着,被选择到这套译丛里的著作,不光能增进有关自然史的丰富知识,更能唤起对于大自然的责任感,以及拯救这个唯一家园的危机感。的确,思想意识的改变是再重要不过了,否则即使耳边充满了危急的报道,人们也仍然有可能对之充耳不闻。甚至,还有人专门喜欢到电影院里,去欣赏刻意编造这些祸殃的灾难片,而且其中的毁灭场面越是惨不忍睹,他们就越是愿意乐呵呵地为之掏钱。这到底是麻木还是疯狂呢?抑或是两者兼而有之?

不管怎么说,从更加开阔的"星球意识"出发,我们还是要借这套书去尖锐地提醒,整个人类正搭乘着这颗星球,或曰正驾驶着这

① 刘东:《别以为那离我们还远》,载《理论与心智》,第85页。

颗星球,来到了那个至关重要的,或已是最后的"十字路口"! 我们当然也有可能由于心念一转而做出生活方式的转变,那或许就将是最后的转机与生机了。不过,我们同样也有可能——依我看恐怕是更有可能——不管不顾地懵懵懂懂下去,沿着心理的惯性而"一条道走到黑",一直走到人类自身的万劫不复。而无论选择了什么,我们都必须在事先就意识到,在我们将要做出的历史性选择中,总是凝聚着对于后世的重大责任,也就是说,只要我们继续像"击鼓传花"一般地,把手中的危机像烫手山芋一样传递下去,那么,我们的子孙后代就有可能再无容身之地了。而在这样的意义上,在我们将要做出的历史性选择中,也同样凝聚着对于整个人类的重大责任,也就是说,只要我们继续执迷与沉湎其中,现代智人(homo sapiens)这个曾因智能而骄傲的物种,到了归零之后的、重新开始的地质年代中,就完全有可能因为自身的缺乏远见,而沦为一种遥远和虚缈的传说,就像如今流传的恐龙灭绝的故事一样……

2004 年,正是怀着这种挥之不去的忧患,我在受命为《世界文化报告》之"中国部分"所写的提纲中,强烈发出了"重估发展蓝图"的呼吁——"现在,面对由于短视的和缺乏社会蓝图的发展所带来的、同样是积重难返的问题,中国肯定已经走到了这样一个关口:必须以当年讨论'真理标准'的热情和规模,在全体公民中间展开一场有关'发展模式'的民主讨论。这场讨论理应关照到存在于人口与资源、眼前与未来、保护与发展等一系列尖锐矛盾。从而,这场讨论也理应为今后的国策制订和资源配置,提供更多的合理性与合法性支持"①。2014 年,还是沿着这样的问题意识,我又在清华园里特别开设的课堂上,继续提出了"寻找发展模式"的呼吁:"如果我们不能寻找到适合自己独特国情的'发展模式',而只是在

---

① 刘东:《中国文化与全球化》,载《中国学术》,第19—20 期合辑。

盲目追随当今这种传自西方的、对于大自然的掠夺式开发,那么,人们也许会在很近的将来就发现,这种有史以来最大规模的超高速发展,终将演变成一次波及全世界的灾难性盲动。"①

所以我们无论如何,都要在对于这颗"星球"的自觉意识中,首先把胸次和襟抱高高地提升起来。正像面对一幅需要凝神观赏的画作那样,我们在当下这个很可能会迷失的瞬间,也必须从忙忙碌碌、浑浑噩噩的日常营生中,大大地后退一步,并默默地驻足一刻,以便用更富距离感和更加陌生化的眼光来重新回顾人类与自然的共生历史,也从头来检讨已把我们带到了"此时此地"的文明规则。而这样的一种眼光,也就迥然不同于以往匍匐于地面的观看,它很有可能会把我们的眼界带往太空,像那些有幸腾空而起的宇航员一样,惊喜地回望这颗被蔚蓝大海所覆盖的美丽星球,从而对我们的家园产生新颖的宇宙意识,并且从这种宽阔的宇宙意识中,油然地升腾起对于环境的珍惜与挚爱。是啊,正因为这种由后退一步所看到的壮阔景观,对于全体人类来说,甚至对于世上的所有物种来说,都必须更加学会分享与共享、珍惜与挚爱、高远与开阔,而且,不管未来文明的规则将是怎样的,它都首先必须是这样的。

我们就只有这样一个家园,让我们救救这颗"唯一的星球"吧!

刘东
2018 年 3 月 15 日改定

---

① 刘东:《再造传统:带着警觉加入全球》,上海:上海人民出版社,2014 年,第 237 页。

目　录

前　言

　　当书写 21 世纪前期历史时,学者们会为一个令人费解的悖论所困扰。大量的科学证据表明淡水过度使用和稀缺的情况日益加剧,为什么世界却没有调动其巨大的财富、创造力和制度来避免这场危机?

　　本书的目的在于解释这一水悖论,并提供可能的解决方案。本书所要传达的主要信息是十分显而易见的。全球水危机主要是水资源管理不足和不善的危机。

　　在不久的将来,许多国家、地区和人口可能面临开采额外水资源成本上升的问题,这可能会对经济增长产生限制,并使满足那些面临长期水资源不安全的贫困人口和国家的用水需求变得日益困难。如果不加以控制,水资源短缺可能增加内乱和冲突的可能性。在跨界水资源的管理和"抢占水资源"的投资方面也存在容易引发争议的风险。

　　然而,这场危机是可以避免的。人们使用不完善的政策、治理和体制,加上不正确的市场信号和力度不足的创新机制来提高水资源管理效率,是当下大多数长期性水资源问题存在的根源。这个过程已逐渐演变成一种恶性循环。目前,市场和政策决策并没有反映出开发更多淡水资源与经济成本不断上涨之间的联系。这反过来又会导致淡水基础设施和投资的增加,同时带来了更大的环境和社会损害。这些损害体现为水资源的日益枯竭、污染、淡水生态系统的退化，并最终导致水资源短缺的加剧。但是由于与水资源稀缺性相联系的经济成本，一直在政策决策中被人们忽视，其对当下和将来福祉的影响被低估了。最终结果就是我所说的**水价被长期低估**。

要解开这一恶性循环并使之转变成一种良性循环，是人类所面临的最大挑战之一。其起始于采用恰当的水资源管理制度和机制，这些制度和机制能够适应并能有效管理迅速变化着的水资源供应条件和竞争性需求，以及气候变化给水资源使用带来的各种威胁。要想结束水价过低的局面，我们还需要对市场和政策进行改革，以确保其能够将开发水资源过程中所增加的经济成本充分纳入考虑。这些成本不仅包括水资源相关基础设施供应的全部回收成本，还包括在应对生态系统退化造成的环境损害和水资源分配不公造成的任何负面社会影响时所支付的成本。将这些成本支出纳入考虑，能够确保所有水资源开发都尽量减少给环境和社会所带来的影响，这样反过来又会促成更多的水资源节约、污染控制和生态系统保护行为。最后将实现在相互竞争的水资源使用之间有效地分配水资源，促进节水创新，进一步缓解水资源短缺并降低其使用成本。

这种转变的产生是非常困难的，但一些令人鼓舞的迹象表明世界上许多地方已经开始产生这种转变。当然，我们还需要做更多的工作，我们所面临的障碍也是巨大的。正如本书前几章内容所述，今天的水悖论不仅仅存在于最近的几年甚至几十年中。其根源由来已久，并对我们的主要市场、政策和治理机制产生影响，且影响人类的重大技术创新活动。所带来的结果是，在当今的经济体中，水资源使用管理及其相应的制度、激励和创新机制，仍然以寻找和开发更多淡水资源的"水利建设任务"为主。

通过借鉴世界各地许多案例，本书阐释了如果我们要避免全球水危机，我们管理水资源的方法是可以且必须改变的。通过发展合适的水资源管理治理方式和机制,推动市场和政策改革,解决全球管理问题,并在新技术领域提升创新和投资能力,我们就能更好地保护淡水生态系统并确保能为不断增长的世界人口提供充足且有益的水资源使用。

爱德华·B.巴比尔

科罗拉多州柯林斯堡

2018 年 7 月

致　谢

　　我非常感谢泰巴·巴托尔（Taiba Batool），感谢她提议我写作本书，并感谢她对如何改进本书提出有益的建议和意见。

　　在写作本书的过程中，我得到了怀俄明大学经济系和人文学院以及科罗拉多州立大学经济系、人文学院和全球环境可持续发展学院的同事们的支持。

　　与以往一样，我从乔安妮·伯吉斯（Joanne Burgess）的见解、评论和建议以及家人的支持中受益匪浅。

引言：水悖论

如果水是宝贵且稀缺的资源,那么为什么我们对水资源的管理却如此糟糕呢?

迄今为止,我们只采用过一种方法来解决这个水悖论。我们忽视了日益严重的水资源短缺现象,直到出现了一些突发性和始料未及的水资源短缺情形,才不得不采取严厉的措施限制过度用水。事实证明,人类对水资源危机的这种反应,所付出的代价是高昂的——正如以下例子所示。

2017年,罗马历史上第一次关闭了其已延续使用2000年之久的标志性饮水设施。当年的春夏两季,罗马遭遇了一场旷日持久的干旱,遭受了超过100万欧元的农业损失,市政当局决定停止向罗马的2800个公共喷泉设施供水。① 这一决定的出台在罗马的历史上是前所未有的。

古罗马的供水系统是现代城市供水系统的先导,其中包括著名的引水渠和设计精致的城市喷泉。② 罗马的供水系统旨在将大

---

① Nick Squires(2017), "Rome Turns Off Its Historic 'Big Nose' Drinking Fountains as Drought Grips Italy"(《意大利遭遇干旱,罗马关闭其历史悠久的"大鼻子"饮水喷泉》), *The Telegraph*(《每日电讯报》), June 29, http://www.telegraph.co.uk/news/2017/06/29/rome-turns-historic-big-nose-drinking-fountains-drought-grips/(accessed June 7, 2018).

② 见 Steven Solomon(2010), *Water: The Epic Struggle for Wealth, Power, and Civilization*(《水:为财富、权力和文明的史诗斗争》)(New York: Harper), ch. 4; David Sedlak(2014), *Water 4.0: The Past, Present, and Future of the World's Most Vital Resource*(《水资源4.0时代:世界最重要资源的过去、现在和未来》)(New Haven and London: Yale University Press), ch. 1。

量的水输送到城市,市民可以通过设计精湛的公共引水设施网络免费获得这些饮用水。现代罗马的许多喷泉上仍然印有首字母缩写 SPQR,即 *Senatus Populusque Romanus*(元老院与罗马人民),来表明它们与罗马帝国最初建造的公共供水系统间的象征性联系。[①]

自从第一条引水渠架将水输送到古罗马牲畜市场的公共喷泉以来,罗马城市的大小喷泉中就一直保持着水源供应。尽管经历过数个世纪战争、冲突、革命以及其他种种人为和自然灾难,但直到 2017 年遭受灾难性的干旱之前,罗马的免费饮用水供应的传统一直没有中断过。当时该市的主要水源之一布拉恰诺湖(Lake Bracciano)的水位急速下降,而同时意大利的农民面临着严重的水资源短缺,因此政府不得不牺牲城市的免费公共用水供应。根本没有足够的水资源可以同时满足这两种用途的水源供应。

农业、市政和工业用水的增加,加之气候变化,使得已经日益减少的水资源供应变得更具不确定性,罗马所面临的这种抉择——到底是将水资源用于其喷泉设施供应还是用于帮助农民应对灾难性的干旱——可能还会再次上演。此外,这也可能是世界上越来越多国家和地区将面临的抉择。对于整个地球来说,水资源充足的时代似乎已经结束。

哪怕不算上能源价格冲击、大规模失业、财政危机和金融失败这些情形,即便如生物多样性的丧失、生态系统的崩溃、人为造成的环境灾难或传染病的大肆传播等这些灾难,与水资源短缺的严重情形相比,仍旧是相形见绌的。根据世界经济论坛《2016 年全球风险报告》,未来 10 年,全球性的水资源危机将是地球所面临的最大威胁。[②] 更为重要的是,这已是该报告连续第五年将水资源短缺确定为会对经济、环境和人类构成威胁的全球头号风险因素。

---

① Squires(2017).
② World Economic Forum(世界经济论坛)(2016), *The Global Risks Report 2016*(《2016 年全球风险报告》),11th ed. (Geneva:World Economic Forum), available at http://www3. weforum. org/docs/GRR/WEF_GRR16. pdf(accessed June 7, 2018).

2015 年世界经济论坛开展了一项全球风险认知调查,受访者调查结果也显示,人们普遍将水资源短缺列为未来 10 年对全球影响最大的威胁因素。

水资源问题与另外两类突出的全球风险也是紧密相关的,即气候变化和粮食安全。及至 2050 年,世界上超过 40% 的人口将生活在水资源短缺的地区,届时将多出 10 亿的人口生活在现在的这些地区。[①] 每年约有 27 亿人受到水资源短缺的影响。[②] 与此同时,有 6.63 亿人口——占世界人口的十分之一——缺乏具有安全保障的水资源,以及 24 亿人口——占世界人口的三分之一——无法使用厕所。[③] 随着全球变暖,气温不断升高,干旱更加频繁,降水变率增加,水资源紧张和短缺的状况只会进一步恶化。这种日益严重的水资源短缺,反过来也会加剧气候变化对经济和环境所造成的负面影响。

全球农业和粮食安全依赖于水资源的有效供应。灌溉成本占到了全球农业生产成本的 40%,目前灌溉用水消耗量占到了世界淡水供应量的 70%。[④] 随着世界人口增长以及人们对粮食需求的增加,全球灌溉规模也在不断扩大。预计到 2050 年,总收获灌溉总面积将从 4.21 亿公顷增加到 4.73 亿公顷。但是人类也需要水资源,以克服水资源短缺,满足非农业领域的用水需求,如住房、卫生设施和工业领域的用水需求,甚至是新型农业领域

① OECD(Organisation for Economic Co-operation and Development,经济合作与发展组织)(2012), *OECD Environmental Outlook to 2050 : The Consequences of Inaction*(《经济合作与发展组织 2050 年环境展望:不采取行动将带来的后果》)(Paris : OECD).

② Arjen Y. Hoekstra, Mesfin M. Mekonnen, Ashok K. Chapagain, Ruth E. Mathews and Brian D. Richter (2012), " Global Monthly Water Scarcity : Blue Water Footprints Versus Blue Water Availability"(《全球水资源月度短缺状况:蓝水足迹与蓝水可利用量》), PLoS ONE 7:2, e32688.

③ UNICEF(联合国儿童基金会) and WHO(World Health Organization,世界卫生组织)(2015), *Progress on Sanitation and Drinking Water : 2015 Update and MDG Assessment*(《卫生和饮用水方面进展:2015 年更新和千年发展目标评估》)(Geneva : WHO Press).

④ Mark W. Rosegrant, Claudia Ringler and Tingju Zhu(2009), " Water for Agriculture : Maintaining Food Security under Growing Scarcity"(《农业用水:在日益短缺的情况下维持粮食安全》), *Annual Review of Environmental and Resources*(《环境与资源年鉴》) 34, pp. 205 – 22.

出现的用水需求,如生物燃料生产。这些不断增长的用水需求,加上不断变化的全球气候条件,将给农业是否还能正常使用本已稀缺的水资源带来越来越大的压力,并可能威胁到全球粮食安全。

为什么我们会感到惊讶?

首先,水是生命赖以生存的必需品。地球上所有的生命形式都依赖于水资源的存在才能生存下去。因此,令人不会感到惊讶的是,随着人们在食品、饮用、卫生设施、工业使用等方面用水量的增加,未来可用于满足这些形式多样且需求量不断增长的水资源将越来越少。这也意味着今后地球上所有生命存续下去的后代将只能拥有更少的水资源,而这正是全球问题的核心所在。

其次,我们这个星球上的淡水资源总是有限的。淡水资源通常是指含盐度低或其他可溶解化合物低于1%的水资源。正是这种低钠含量才使淡水适于人类饮用,且成为人类的必需品。然而,世界上只有约3%的水是"淡"的,并且99%的淡水要么被冻结在冰川和浮冰中,要么存在于地下的含水层中。淡水生态系统只占世界淡水资源的1%。湖泊和河流是人类消耗淡水的主要来源,其仅占全球水资源总储量的0.3%。[①]

换句话说,淡水生态系统,包括池塘、湖泊、溪流、河流和湿地,是地球上人类可用淡水供应的主要来源。这就表明,如果淡水是人类最有价值的商品,且其因为使用量的增加而变得越来越稀缺,那么我们就更应该关注淡水的主要来源地,即淡水生态系统。

然而,数千年来,我们对水资源供应的管理方式恰恰相反。我

[①] Igor A. Shiklomanov(1993),"World Fresh Water Resources"(《世界淡水资源》),in Peter H. Gleick, ed., *Water in Crisis: A Guide to the World's Fresh Water Resources*(《处在危机中的水资源:世界淡水资源指南》)(New York: Oxford University Press), pp. 13 - 24.

们认为水资源是丰富的、可自由取用且容易获得的，并不把水资源视为稀缺资源。我们已将水资源大量地用于农业、家庭和工业用途方面。我们建造了大量复杂的工程结构，如水坝、水堤、管道和水库，从而将水资源从存量丰富的地方，有时候也是不需要使用水资源的地方，输送到对水资源需求日益增长的城市、农场和人口聚集区。我们对废水进行处理、回收和再分配，以防止其污染天然的淡水资源，并提高其使用效率。我们现在也正从海水中去除盐分以获取淡水，进一步扩大人类的淡水供应。

淡水生态系统——一种正面临威胁的重要资源

不幸的是，我们对待水资源的行为和忽视的后果导致我们最重要的水源来源——淡水生态系统——正承受着越来越大的压力，甚至同时遭受着人类影响和环境变化所带来的破坏（见图 0.1）。

具有讽刺意味的是，人类对这些生态系统所造成的主要威胁，来自我们试图管理水资源，并试图从中获取更多的水资源以满足我们各种各样的用途，如对河流系统、其他内陆水域及其相连湿地进行改造，以满足防洪、农业或水资源供应方面的取水需求。[1] 诸如农业、工业和城市废弃垃圾所造成的水资源污染和富营养化、内陆渔业的过度捕捞以及外来物种的入侵等，这些因素都在进一步

---

[1] Hoekstra et al.（2012）；OECD（2012）；Nels Johnson，Carmen Revenga and Jaime Echeverria（2001），"Managing Water for People and Nature"（《为人类和自然而进行的水资源管理》），*Science*（《科学》）292：5519，pp.1071 - 2；C. Revenga，I. Campbell，R. Abell，P. de Villiers and M. Bryer（2005），"Prospects for Monitoring Freshwater Ecosystems towards the 2010 Targets"（《监测淡水生态系统以实现 2010 年目标的前景》），*Philosophical Transactions of the Royal Society B-Biological Sciences*（《英国皇家生物科学学会哲学汇刊》）360：1454，pp.397 - 413；Charles J. Vörösmarty，Peter B. McIntyre，Mark O. Gessner，David Dudgeon，Alexander Prusevich，et al.（2012），"Global Threats to Human Water Security and River Biodiversity"（《人类水安全和河流生物多样性的全球性威胁》），*Nature*（《自然》）467，pp.555 - 61.

破坏淡水生态系统和生物的多样性。①

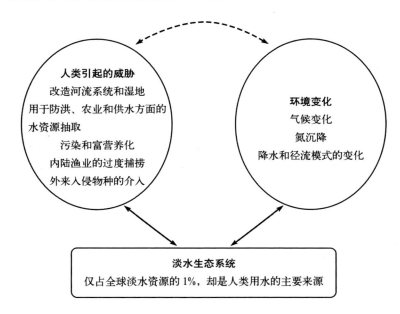

图 0.1　淡水生态系统面临的主要人类和环境威胁

人类引起的威胁和环境变化直接影响（实线）淡水生态系统，并且二者之间的相互作用（虚线）会放大这些影响。

气候变化、氮沉降、降水和径流模式的变化，这些环境因素都对淡水生态系统产生了重要的影响。这类环境变化直接影响着全球淡水生态系统，并且日益与人类造成的人为威胁相互作用，从而加剧了世界上许多地区的水资源短缺危机。人类活动加之环境变化对淡水生态系统造成的压力越来越大，这对水资源安全构成了

① W. R. T. Darwall, K. Smith, D. Allen, M. Seddon, G. McGregor Reid, et al. (2008), "Freshwater Biodiversity: A Hidden Resource under Threat"（《淡水生物多样性：一种受到威胁的隐性资源》）, in J. -C. Vié, C. Hilton-Taylor and S. N. Stuart, eds., *The 2008 Review of the IUCN Red List of Threatened Species*（《2008 年世界自然保护联盟濒危物种红色名录综述》）(Gland, Switzerland: IUCN); David Dudgeon, Angela H. Arthington, Mark O. Gessner, Zen-Ichiro Kawabata, Duncan J. Knowler, et al. (2006), "Freshwater Biodiversity: Importance, Threats, Status and Conservation Challenges"（《淡水生物多样性：重要性、威胁、地位和在其保护方面所面临的挑战》）, *Biological Review*（《生物学评论》）81:2, pp. 163–82; Johnson et al. (2001); OECD(2012); Vörösmarty et al. (2012).

严重威胁,也威胁到淡水生物的多样性和良性生态系统的正常运转。[①]

淡水生态系统的全球性衰退和消失应当引起人们的关注,因为淡水除了可为人类提供水资源供应和使用保障,淡水生态系统对人类来说还有众多其他作用。例如,这些生态系统对于内陆渔业来说是非常重要的,内陆渔业的鱼类供给占到了人类对鱼类总消耗的12%左右;灌溉农业所产粮食占世界粮食总产量的40%左右;水力发电占到了世界电力总产量的20%左右。[②] 湖泊、池塘、河流和其他淡水系统,也用于冷却工业和能源生产过程,以及用于清洗、冲洗或其他清洁用途。

人类近来对淡水生态系统造成的环境影响,令一些长期难以获得足够水资源的地区境况更加困难。河流和其他内陆水域的改造或许能够增加人类可使用水量,但如果按照每年可获取用水量计算,世界上超过40%的人口正面临着高度或极度水资源压力的考验,而且这一比重在2025年可能会增加到接近50%。[③] 目前,有超过14亿人生活在自身用水量已超出河流最低补给水量的流域附近,而且这些重要的河流流域大多位于发展中国家。[④] 1996年至2005年期间,在涵盖了26.7亿居民的201个流域内,一年中每月至少都会出现一次严重的缺水现象。[⑤]

农业、工业和城市废弃垃圾对地表和地下水所造成的污染和破坏,进一步加剧了全球淡水供应的紧张。[⑥]

[①] 例如参见 Darwall et al.(2008);Dudgeon et al.(2006);Revenga et al.(2005);Vörösmarty et al.(2012)。

[②] Johnson et al.(2001)。

[③] Revenga et al.(2005).如表0.1所示,高度水资源压力指的是年取水量占年可用淡水供应量的40%—80%,而极度水资源压力指的是年取水量超过年可用淡水供应量的80%。

[④] UNDP(United Nations Development Programme,联合国开发计划署)(2006),*Human Development Report 2006:Beyond Scarcity—Power, Poverty and the Global Water Crisis*(《2006年人类发展报告:超越短缺——电力、贫困和全球水危机》)(Basingstoke, England:Palgrave Macmillan)。

[⑤] Hoekstra et al.(2012)。

[⑥] Johnson et al.(2001);OECD(2012);Vörösmarty et al.(2012)。

    淡水资源使用量的日益增加,已产生了明显的全球水资源消耗。近几十年来,许多国家的人均可供水量已急剧下降,随着人口和经济的增长,这种状况可能还会恶化。[1] 尽管世界各地的用水量都在扩大,但全球用水需求增长最明显的地方将主要是发展中国家。[2] 目前,世界每年的淡水抽取量增加了约 640 亿立方米。[3] 全球水资源需求量预计也会显著增加,将从 2000 年的 3500 立方千米增加到 2050 年的近 5500 立方千米,其原因主要是制造业、电力和居民生活用水量的增加。[4] 预计到 2025 年,发展中国家的取水量将增加 50%,而发达国家的这一数值将是 18%。[5]

    因此,到 2040 年,世界上许多国家将面临高度或极度水资源压力(见表 0.1)。届时将有 35 个国家抽取他们可用淡水供应量的 80% 用于农业、工业和市政,31 个国家抽取他们可用供应量的 40%—80%。在 2040 年将面临高度或极度水资源压力的国家,现在多为发展中经济体。许多国家来自长期缺水的中东和北非地区。然而,也有一些重要和大型的新兴市场经济体也将在 2040 年面临高度或极度水资源压力。这些国家包括印度、巴基斯坦、土耳其、墨西哥、印度尼西亚、伊朗、南非和菲律宾。

---

[1] WWAP(World Water Assessment Programme,世界水评估计划)(2012), *The United Nations World Water Development Report 4, vol.1: Managing Water under Uncertainty and Risk*(《联合国世界水发展报告 4,卷 1:水资源管理面临不确定性和风险》)(Paris: UNESCO); WWAP(2015), *The United Nations World Water Development Report 2015: Water for a Sustainable World*(《2015 年联合国世界水发展报告:可持续发展世界之水》)(Paris: UNESCO).

[2] 水文学家通常会对两种用水概念进行区分:取水和水资源消耗。取水指的是从淡水资源中所抽取的用于人类各种目的的水资源(如工业、农业和生活用水)。然而,这些水资源中的一部分可能会流回到原来的水资源中,尽管其数量和质量可能会发生变化。相比之下,水资源消耗指的是从水源中抽取的水,且被实际消耗或因渗流、污染或汇入无法再被经济使用的"集水槽"中而损失掉,因此,水资源消耗量就是取水量中经过人类使用后"无法挽回的损失"的那部分水量。在本书中,我将遵循惯例,使用更通用的术语即"水资源使用(用水)",并且必要时,我会澄清我所说的是指取水还是水资源消耗。

[3] WWAP(2012), *The United Nations World Water Development Report 4, vol.1: Managing Water under Uncertainty and Risk*(《联合国世界水发展报告 4,卷 1:水资源管理面临不确定性和风险》)(Paris: UNESCO).

[4] OECD(2012), p.216.

[5] UNEP(United Nations Environment Programme,联合国环境规划署)(2007), *Global Environment Outlook 4: Environment for Development*(《全球环境展望 4:发展环境》)(Nairobi: UNEP).

社会和经济影响

全球性的水资源危机将产生一系列的经济和社会影响。这可能导致额外开采水资源的成本增加，对经济增长和发展造成制约，不平等现象加剧，且可能导致内乱和冲突的可能性上升。

表 0.1　多国 2040 年所预期面临的水资源压力

极度水资源压力（＞80％）	高度水资源压力（40％—80％）	高度水资源压力（40％—80％）
阿富汗	阿尔及利亚	阿根廷
安提瓜和巴布达	安道尔	中国
巴林	亚美尼亚	爱沙尼亚
巴巴多斯	澳大利亚	海地
科摩罗	阿塞拜疆	爱尔兰
塞浦路斯	比利时	卢森堡
多米尼克	智利	马其顿
东帝汶	古巴	马来西亚
伊朗	吉布提	摩纳哥
以色列	多米尼加	尼泊尔
牙买加	厄立特里亚	朝鲜
乔丹	希腊	乌克兰
哈萨克斯坦	印度	英国
科威特	印度尼西亚	美国
吉尔吉斯斯坦	伊拉克	委内瑞拉
黎巴嫩	意大利	
利比亚	日本	
马耳他	莱索托	
蒙古	墨西哥	
摩洛哥	秘鲁	
阿曼	菲律宾	
巴基斯坦	葡萄牙	
巴勒斯坦	南非	
卡塔尔	韩国	
圣卢西亚	斯里兰卡	
圣文森特和格林纳丁斯	斯威士兰	
圣马力诺	叙利亚	
沙特	塔吉克斯坦	
特立尼达和多巴哥	突尼斯	
土库曼斯坦	土耳其	
阿拉伯联合酋长国	梵蒂冈	
乌兹别克斯坦		
也门		

续　表

中高度水资源压力 （20%—40%）	中低度水资源压力① （10%—20%）	低度水资源压力 （＜10%）
阿尔巴尼亚	阿尔及利亚	拉脱维亚
安哥拉	安道尔	利比里亚
伯利兹	亚美尼亚	列支敦士登
博茨瓦纳	澳大利亚	马拉维
保加利亚	阿塞拜疆	马里
加拿大	比利时	毛里塔尼亚
哥斯达黎加	智利	黑山
捷克共和国	古巴	莫桑比克
厄瓜多尔	吉布提	缅甸
埃及	多米尼加	尼日尔
萨尔瓦多	厄立特里亚	尼日利亚
法国	希腊	挪威
加蓬	印度	巴拿马
佐治亚州	印度尼西亚	巴布亚
德国	伊拉克	新几内亚
危地马拉	意大利	巴拉圭
圭亚那	日本	刚果（布）
科索沃	莱索托	罗马尼亚
立陶宛	墨西哥	卢旺达
马达加斯加	秘鲁	塞内加尔
摩尔多瓦	菲律宾	塞尔维亚
纳米比亚	葡萄牙	塞拉利昂
荷兰	南非	斯洛伐克
新西兰	韩国	斯洛文尼亚
尼加拉瓜	斯里兰卡	索马里
波兰	斯威士兰	南苏丹
俄罗斯	叙利亚	苏丹
瑞典	塔吉克斯坦	苏里南
瑞士	突尼斯	多哥
坦桑尼亚	土耳其	乌拉圭
泰国	梵蒂冈	赞比亚
越南		津巴布韦

　　水资源压力衡量的是各国每年的总用水量（市政、工业和农业用水），以总用水量占全年可用淡水供应总量的百分比表示。数值越大，表示用水者之间的竞争越激烈。

　　资料来源：Tianyi Luo，Robert Young and Paul Reig（2015），"Aqueduct Projected Water Stress Rankings"（"引水渠预测水资源压力排行"），World Resources Institute，August，http://www.wri.org/sites/default/files/aqueduct-water-stress-country-rankings-technical-note.pdf（accessed June 7，2018）。

---

① 译者注：此列与第二列"高度水资源压力"内容重复，原书如此，疑似有误。根据表 0.1 所引用的数据来源，面临"中低度水资源压力"的国家有：委内瑞拉、厄瓜多尔、芬兰、莱索托、保加利亚、泰国、捷克、俄罗斯、马来西亚、爱尔兰、德国、索马里、瑞典、苏丹、埃及、朝鲜、罗马尼亚、白俄罗斯、瑞士、加拿大、危地马拉、黑山、安哥拉、洪都拉斯、斯洛伐克、毛里塔尼亚、萨尔瓦多、津巴布韦、坦桑尼亚。需要注意的是，该数据来源与表 0.1 数据有出入。

许多地区和国家由于经济和人口的增长而需要获得更多的水资源,也因此必须付出更大的经济成本。随着现有淡水资源供应的减少,开发可替代水资源供应源,以及将水资源输送到用水需求最高地区的成本将变得越来越高昂。采用新技术来增加淡水供应,例如通过海水淡化技术去除海水中的盐分,这对于世界上绝大部分地区来说,仍是一种尚未具备规模经济效益的选择。相反,由于淡水生态系统和地表水供应无法满足人类的需求,唯一廉价的可替代选择是开采"地下水",即存在于地下含水层中的水资源。但可供开采的地下水资源也在迅速消失,地球上还剩下的地下水供应源都是找寻难度更高的水源地,其开采的成本也会更高。

简单来说,在不久的将来,面临更大的水资源压力和人均水资源供应量下降的地区,将因需要开采更多的水资源而付出更高昂的经济和社会成本。米纳·帕拉尼亚潘(Meena Palaniappan)和彼得·格莱克(Peter Gleick)总结了这些受影响地区将出现的经济后果:

> 由于将大量的水资源从一个地方输送到另一个地方的成本非常高,一旦一个地区的水资源使用量超过了其可再生水资源的供应量,这个地区就会开始使用不可再生水资源,如使用补给非常缓慢的含水层水源。一旦水资源的开采超过了自然补给,唯一可行的长期性选择是将需求量降低到能够维持可持续发展的水平,向水资源供应充足的地区转移用水需求,或采用越来越昂贵的水源来转移用水需求,如利用经海水淡化后的水资源。①

---

① Meena Palaniappan and Peter H. Gleick(2009), "Peak Water"(《水资源的峰值》), in Peter H. Gleick, ed., *The World's Water 2008—9: The Biennial Report on Freshwater Resources*(《2008—2009年世界水资源:淡水资源两年期报告》)(Washington, DC: Island Press), p. 8.

　　有相当多的证据表明,地表水供应和淡水生态系统正面临日益增大的压力,这也导致作为"后备"资源的地下水资源面临着巨大压力。有些人认为地下水的消耗正危及全球水安全,因此我们已面临着"全球地下水危机"。[①] 地下水开采量已经占到全球总取水量的三分之一,超过 20 亿人依赖地下含水层作为主要的水资源来源。[②] 然而,与绝大多数地表水不同的是,地下水的存量通常是固定且相对隔绝于外界的,人们对地下水的消耗速度,也远大于其自身获得补给的缓慢速度。因此,地下含水层迅速枯竭问题已引起了世界范围内的重要关切。

　　人们还担心,用水量的增加和水资源短缺的加剧,造成了环境和社会成本的上升,这也将对经济增长和发展造成阻碍。随着水资源变得越来越稀缺,我们对尚存可供应水资源的获取也变得越来越难,要想获得更多的地表水资源,就需要在水坝、抽水站、管道和其他供水基础设施上增加更多的投资。地下水的枯竭也会导致采水成本的上升,因为地下水水位的下降将导致人们需要挖更深的水井并增加抽水的力度。[③] 在某种程度上,不断增长的环境和社会成本,将"拖累"整体经济的发展,这种负面效应会超过用水量增加所带来的正面生产效益,并对经济的增长和发展产生不利影响。[④] 在许多国家,特别是在发展中国家,社会效率低下的水资源政策会进一步加剧这一问题,因为这些政策大多没有将用

① J. S. Famiglietti(2014), "The Global Groundwater Crisis"(《全球地下水危机》), *Nature Climate Change*(《自然气候变化》)4:11, pp. 946 - 8. 又见 Palaniappan and Gleick(2009)。

② Famiglietti(2014).

③ Famiglietti(2014).

④ Edward B. Barbier(2004), "Water and Economic Growth"(《水资源和经济增长》), *Economic Record*(《经济记录》)80:248, pp. 1 - 16; Edward B. Barbier(2015b), "Water and Growth in Developing Countries"(《发展中国家的水资源和经济增长》), in Ariel Dinar and Kurt Schwabe, eds., *Handbook of Water Economics*(《水资源经济学手册》)(Cheltenham, England: Edward Elgar), pp. 500 - 12; David Grey and Claudia W. Sadoff(2007), "Sink or Swim? Water Security for Growth and Development"(《不成功便成仁？促进增长和发展的水资源安全》), *Water Policy*(《水资源政策》)9:6, pp. 545 - 71.

水成本的增加和水资源日益短缺的状况纳入政策考虑之中。[1]

日益严重的全球水资源短缺和日益增大的全球水资源压力，也会加剧世界范围内的不平等。如前所述，世界上仍有相当数量人口的用水安全是难以得到保障的。十分之一的世界人口缺少安全的饮用水，三分之一的世界人口无法使用到基本的卫生设施。[2] 这表明世界范围内，人们对淡水资源的获取和使用上实际存在巨大的差异性。虽然绝大多数发达国家的居民已经实现了用水安全，但在发展中国家，各国具备充足饮用水资源和卫生设施的人口数量的差异很大。要在全球范围内扩大这些重要供水服务的覆盖，就意味着许多国家和地区在现有淡水供应基础上还将面临更大的压力。或者，更有可能出现的情况是，随着未来保障水资源供应的经济和社会成本增加，那些能够承担得起充足饮用水、卫生设施和家庭用水需要支出的人，与那些尚缺乏基本水资源和卫生设施的穷人之间的差距，将越来越大。

我们还会看到国家内部和国家之间关于水资源的争端也越来越多。全球水资源管理的复杂性主要在于许多国家存在水资源共享的情况，因为河流流域、大型湖泊、含水层和其他淡水水体经常跨越国界。这种跨境水资源是一种很重要的全球水资源供应来源。例如，世界上五分之二的人口生活在由一个以上国家共享水资源的国际流域内。[3] 全球范围内有 53 个河流流域是由三个或三个以上国家共享的。亚马孙河流经 7 个国家，尼罗河流经 10 个国

① Barbier(2015b)；Cesare Dosi and K. William Easter(2003)，"Water Scarcity：Market Failure and the Implications for Markets and Privatization"（《水资源短缺：市场失灵及其对水市场和私有化的影响》），*International Journal of Public Administration*（《国际公共管理学杂志》）26：3，pp. 265 – 90；Grey and Sadoff(2007)；Karina Schoengold and David Zilberman(2007)，"The Economics of Water, Irrigation, and Development"（《水资源、灌溉和发展的经济学》），in Robert Evenson and Prabhu Pingali, eds., *Handbook of Agricultural Economics*（《农业经济学手册》）vol. 3（Amsterdam：Elsevier），pp. 2933 – 77.
② UNICEF and WHO(2015).
③ UNDP(2006).

家,多瑙河流经 17 个国家。[①] 尽管国家之间因为共享水资源而发生武装冲突的可能性仍然很低,但人们仍旧很难以合作的方式来解决水资源争端。[②] 某些情况下,如撒哈拉以南非洲乍得湖(Lake Chad)的不断萎缩,正是共享流域范围内缺乏合作所造成的危害性后果。[③] 在南亚,印度和孟加拉国之间于 1996 年签订的恒河水分享协议,也可能会在与流域水源供应有关的水资源使用规划上面临严重的危机,除非通过增加从尼泊尔境内的河流支流转移过去的水源供应来缓解这种危机。[④] 同样令人担忧的是,对于许多国际河流流域和以其他形式共享的水资源,尚缺乏任何一种能够实现有效联合管理的形式,而已有的一些联合共管的国际协定还需要改进或更新。[⑤]

全球范围内日益普遍地出现与"抢占水资源"有关的问题。[⑥] 一些人口众多、财富充裕但水资源匮乏的国家,正在向其他国家投资,获取肥沃的土地和水资源来种植作物,再将收获到的农产品出口回本国以供应国内消费。如果一国的淡水资源匮乏,特别是缺乏用于粮食种植的淡水资源,那么这个国家就能够通过在水资源充足的国家获得土地来缓解其水资源供应的紧张状况。这种购买或长期租赁他国土地的模式,有利于全球范围内农业生产领域水

① Edward B. Barbier and Anik Bhaduri(2015), "Transboundary Water Resources"(《跨界水资源》), in Robert Halvorsen and David F. Layton, eds., *Handbook on the Economics of Natural Resources*(《自然资源经济学手册》)(Cheltenham, England: Edward Elgar), pp. 502 – 28.
② Aaron T. Wolf(2007), "Shared Waters: Conflict and Cooperation"(《共有水域:冲突与合作》), *Annual Review of Environment and Resources*(《环境与资源年鉴》)32, pp. 241 – 69.
③ UNDP(2006).
④ Anik Bhaduri and Edward B. Barbier(2008a), "International Water Transfer and Sharing: The Case of the Ganges River"(《国际水资源转移与共享:以恒河为例》), Environment and Development Economics(《环境与发展经济学》)13:1, pp. 29 – 51.
⑤ Barbier and Bhaduri(2015).
⑥ Edith Brown Weiss(2012), "The Coming Water Crisis: A Common Concern of Humankind"(《即将到来的水危机:人类共同关心问题》), *Transnational Environmental Law*(《跨国环境法》)1:1, pp. 153 – 68; Arjen Y. Hoekstra and Mesfin M. Mekonnen (2012), "The Water Footprint of Humanity"(《人类的水足迹》), *Proceedings of the National Academy of Sciences*(《美国国家科学院院刊》)109:9, pp. 3232 – 7; Maria Cristina Rulli, Antonio Saviori and Paolo D'Odorico(2013), "Global Land and Water Grabbing"(《全球土地和水资源抢占》), *Proceedings of the National Academy of Sciences*(《美国国家科学院院刊》)110:3, pp. 892 – 7.

资源和土地资源的有效利用。然而,以这种方式"抢占"的水资源量往往过多,可能会对被抢占水资源的国家和地区的粮食安全产生不利影响,甚至会导致这些国家出现国民营养不良的情况。① 除此之外,有些参与水资源抢占和交易的国家,自身实际上并不存在水资源短缺或者农产品供应紧张的状况。这些水资源抢占行为背后的大型投资者和企业,仅仅是想通过获取廉价的水资源来种植可供出口的农作物,从而赚取高额利润。② 可以预见的情形是,为了满足当地人民的用水需求、保护生态环境的完整性以及确保目标国粮食安全的需要,未来对土地和水资源的征用将日益增多,而这一过程中,在涉及征用合法性、补偿的基础标准等争议性问题方面也势必会产生更多冲突。③

总之,开采更多的水资源所引起的成本上升,将对经济的增长和发展产生制约,使不平等现象加剧,并且导致内乱和冲突的可能性上升。全球性水资源危机正变得越来越难以避免,并且没有一种简单有效的解决方式可以应对。正如记者门肯(H. L. Mencken)曾经说道:"对于每一个复杂的问题来说,都会有一个明确、简单却错误的答案。"④

但是在开始制定解决方案之前,我们首先得承认上述问题是存在的。除此之外,我们还应当立即寻找切实有效的水资源管理方式。然而,如果我们还是没有注意到当下错误的水资源管理和使用方式所带给我们的警示信息,那么我们将不可能发现任何有效的解决方法。事实上,这就是 21 世纪人类与水资源之间关系的

---

① Rulli et al. (2013).
② Hoekstra and Mekonnen(2012).
③ Brown Weiss(2012).
④ 虽然一般认为这句话出自门肯,但这很可能是他在论文集《偏见:第二辑(1920 年)》(*Prejudices: Second Series,1920*)里《神性启示》("The Divine Afflatus")一篇中实际所写的重述:"人类的每一个问题都有一个众所周知的解决方案——简洁的、貌似有理的且错误的。"见"H. L. Mencken," Wikiquote,https://en. wikiq-uote. org/wiki/H. _L. _Mencken; Quote Investigator, http://quoteinvesti-gator. com/2016/07/17/solution/(both accessed June 11,2018)。

奥秘所在。水是人类存在和生存最为重要的资源,为什么我们却持续性地忽视全球性的水资源危机带来的这些迫在眉睫的威胁——这是当今人类所面临的最大的**水悖论**。

水悖论

如果世界上水资源短缺和紧张的有害风险正日益增加,那么为什么各国却没有动员相关的机构、政策和技术创新来避免这场危机?水资源正变得越来越稀少,但我们一直以来的表现,似乎总让人们误以为我们所拥有的水资源是非常充足的。

本书的核心关注便是解释这一**水悖论**。本书所要传达的最主要的信息也是非常简单的:全球水危机主要是**水资源的管理不足和不善**导致的。本书接下来的章节将主要讨论这场危机是如何产生的,为什么今天仍然存在,以及我们能够做什么来克服这些问题。

全球水资源管理的核心问题是**水资源价格持续性过低**的问题。淡水资源缺乏而导致的环境和社会成本增加,并没有相应地反映在淡水资源的市场价格上。我们也没有出台充分的政策或者增加相应管理机构,来应对这一成本增加的问题。这意味着各国都还没有建立起恰当的价格信号反应机制或激励措施,来调整水资源的生产和消费活动以平衡水资源使用和供应,保护淡水生态系统,并对必要的技术创新活动进行支持。通常,政策传达上的扭曲、机制和治理方面的失败都会加剧水资源的浪费和生态系统的退化,从而加重水资源的短缺。

如图 0.2 所示,这一过程已构成了一种恶性循环。当前的市场和政策决定忽视了人们若要开采更多淡水资源,需要付出的经济成本也是日益增长的。这些都会对环境和社会造成更大的破坏,从而导致我们需要在淡水资源的基础设施建设和投资方面加大投入。这些破坏体现为过度汲取水资源、水污染、淡水生态系统退化,并最终造成水资源的日益稀缺。但在决策过程中,决策者们持续性地忽视了水资源的日益稀缺所造成的经济成本增加,也低估了这可能对当前和未来人民的福祉所产生的不利影响。糟糕的机制和不良治理结构的长期性存在,其结果就是以下这一恶性循环。

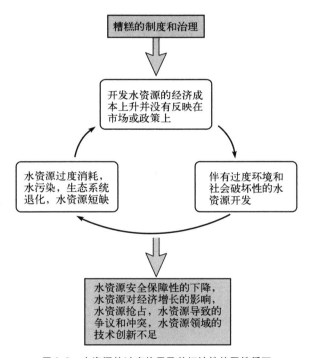

图 0.2　水资源的过度使用及其短缺性的恶性循环

　　本书的主要目的是探究造成这种水资源使用和短缺的恶性循环的主要因素。虽然确定这些因素很重要,但这仅仅是制定解决方案的步骤之一。要想解开图 0.2 所描述的恶性循环,需要我们有能力去解决一些重要的问题。尽管现阶段人类对水资源的需求不断增长,对水资源使用的竞争也日益加剧,但我们还是需要追问:如何才能减少对水资源的过度消耗、减少污染、缓解生态系统的退化,并缓解上述这类因素最终导致的水资源短缺的状况?我们需要何种机制、治理和政策,以确保市场能够充分考虑过度开采水资源所产生的成本增加?我们应该怎样培育正确的技术和工程创新,以缓解水资源的短缺?

这些问题的解决可以都归结到一个基本目标的实现上:对稀缺的水资源进行合理分配,以满足人们日益增加且具有竞争性的用水需求。这需要我们进行评估并做出权衡和选择,且这些都与经济学相关。因此,解决水资源使用和短缺问题的第一步,是对水资源的管理采用"经济"的办法。要做到这一点,我们还需要进一步研究水资源的主要经济特征。这种特征对于我们理解水资源管理方面所面临的挑战来说,也是至关重要的。

第一章

作为经济产品的水资源

在过去几十年中,我们逐渐意识到必须改变对水资源短缺和其竞争性使用的管理现状。

1992 年 1 月,一批专家在爱尔兰都柏林举行会议,讨论水资源及其与可持续发展之间的关系。这次会议被称为国际水与环境大会(ICWE),关注的是日益严重的水资源短缺、过度开发和水资源引起的冲突问题。因致力于应对解决这些问题所导致的经济和社会影响,所以国际水与环境大会由此成为改变人类水资源管理方式的一个重要里程碑。

这一新的观点反映在了国际水与环境大会 1992 年《水与可持续发展问题都柏林声明》中,该声明的核心原则之一说道:"水资源在其所有的竞争性用途中都具有经济价值,水资源也应当被视为一种经济产品。"①

将水资源视为"经济产品"有何意义?这种界定又如何帮助我们认识和克服当下全球水资源管理所面临的挑战?《都柏林声明》

---

① Available at http://www.wmo.int/pages/prog/hwrp/documents/english/icwedece.html(accessed June 11, 2018).

为我们提供了如下解释:"人们在过去未能正确认识水资源经济价值,导致人们在使用水资源的时候出现浪费和破坏环境的行为。把水作为一种经济产品来管理,是实现水资源有效及公平利用的重要方式,也有助于促进人们对水资源的节约和保护。"

这种解释似乎有点令人费解,特别是考虑到本书引言中所谈到的全球水资源使用的增加也加重了人们的担忧。如果水资源越来越稀缺,全球性的水资源危机迫在眉睫,又为什么会出现"人们在过去未能正确认识水资源经济价值"的情况呢?毕竟,水资源是人类生命赖以生存的最基本的自然资源。水资源对我们来说具有许多重要的使用价值,正如水资源经济学家罗伯特·格里芬(Robert Griffin)解释道:

> 水资源的用途非常广阔。我们在家庭、企业和工业活动中都会用到水。我们用水来运输货物。我们用水灌溉庄稼、喂养牲畜。我们在水中游泳,在水里捕鱼,在水上玩耍娱乐。看见或听到水流经过会令人们感到愉悦。我们可以直接用水发电,我们的化石燃料工厂可以用水来冷却。我们把废物倒进水中,期望通过自然力量转移或者降解我们遗弃的废物。商业渔场,甚至近海渔场,都依赖淡水资源的供给。水是维持环境运作的重要物质,环境对于维持人类的生存来说也同样十分重要。[1]

正如我们在本书引言中所看到的,随着人口增长和经济不断发展,水资源的这类竞争性使用在全球范围内都在增多。此外,水资源已不再是曾经可以自由使用且储量充裕的资源。很快就可能没有足够的水资源来满足人们的各种使用需求。因此,人们将水

---

[1] Ronald C. Griffin(2006), *Water Resource Economics: The Analysis of Scarcity, Policies, and Projects*(《水资源经济学:对其稀缺性、政策和项目的分析》)(Cambridge, MA: MIT Press), p. 7.

资源可持续性使用的"有限性",与当下另一种具有重要经济意义的自然资源——石油的"有限性"进行比较。而且,越来越多的比较表明,我们更应该担心的是水资源短缺的问题,正如水资源专家米纳·帕拉尼亚潘和彼得·格莱克所指出的:

> 水资源事实存在的有限性是更令人们担忧的事情,因为水资源是生命赖以生存的基础,并且在很多使用领域中,水资源都是无可替代的。如果人们当下尚能负担得起和较易获得的水资源使用受到了绝对限制,某些地区的部分生产和活动将可能受到影响;尤其是,淡水资源供应受到限制通常会导致某些地区无法生产出满足国内需求的所有粮食作物,因此,也将导致该地区依赖于国际市场来进口食物。①

总的来说,水资源有很多重要的用途,但我们可能没有足够的水资源以满足所有的这些用途,或者至少在用水成本越来越高的情况下是无法实现的。这种情形在经济学中是普遍存在的——对稀缺资源进行分配以满足各种竞争性的使用需求。这需要人们考虑如何在水资源的不同用途之间进行选择,以实现水资源的最佳分配。例如,如果我们想要增加农业灌溉用水,那么可供城市家庭、商业和工业使用的水资源就会相应减少。并且,如果我们想扩大淡水供应,以满足不断增长的农业和城市用水需求,我们就应当把为满足这些需求而增加的所有经济和环境成本以及供应方面的运输成本都考虑在内。也就是说,如果淡水资源变得让人难以负担且难以获取,那么我们可以预计这种日益加剧的稀缺性,将会反映并表现在水资源在各领域使用成本的增加上。

_____

① Palaniappan and Gleick(2009), p.13.

如果我们将水视为一种"经济产品",那么对水资源的市场、政策和治理方式进行管理的机构部门,应确保将稀缺的水资源分配到最具价值性和竞争力的用途上面。淡水资源的日益短缺意味着所有水资源使用者都需要付出更高昂的代价来获取水。在这种情形之下,淡水资源短缺的状况不会继续恶化,人们也不会对水资源的使用进行限制。相反,任何地方所出现的日益严重的水资源短缺都将是暂时性的,正如《都柏林声明》所指出的那样,增加水资源的使用成本将是"实现有效和公平利用水资源,并鼓励人们节约和保护水资源的一种重要途径"。

不幸的是,正如本书引言部分所述,人类正面临着一个水悖论。虽然水资源有许多有价值的用途,但是我们基础的市场、政策和管理部门未能对水资源进行充分有效的管理,从而使其能够很好满足这些用途。这就是为什么全球性的水资源危机实际上是全球水资源管理的危机。这场危机的核心是人们一直以来都低估了水资源的价值——未能将水资源作为一种经济产品来对待。淡水资源逐渐短缺所产生的环境和社会成本的增加,却未能相应地反映在水资源的市场价格上。我们也没有制定足够的政策或增设相关的部门,来应对和处理这些成本增加的问题。这就意味着,各类经济体无法拥有正确的价格信号或激励机制,以调整它们的生产和消费活动,从而平衡水资源的供应及使用、保护淡水生态系统,并对与水资源相关的必要技术创新进行支持。通常,包括政策扭曲、体制和治理方面失灵在内的这些因素会导致水资源的浪费和生态系统的退化,从而加剧水资源的短缺。

水的物理属性和经济属性

水资源本身的自然属性是人们难以设置行之有效的政策、市场和治理机构来管理水资源的原因之一。水具有一系列不同寻常的物理和经济属性,这使水有别于包括其他自然资源在内的绝大多数商品。如果将水资源与现代经济中的另一种具有非常重要战略价值的自然资源——石油进行比较,就会很容易看出水资源的这种特殊性。

例如,石油是一种非常畅销的商品。石油的开采权和生产权是由私人公司购买取得的,石油也是一种在市场上进行交易的国际商品,世界各地的石油资源通常都会有明确的价格。这就意味着,如果遇到了诸如中东地区爆发冲突、汽油需求上升、遭遇极度严寒的冬季、发电量增加等因素,或遇到其他任何导致石油供应无法满足不断增加的用油需求的因素,所有的石油使用者都将面临更高价格的石油。换言之,大多数用户为使用石油所支付的价格,反映出了石油的稀缺程度。

相反,正如经济学家迈克尔·哈尼曼(Michael Hanemann)所解释的,水资源的市场化和定价形式与石油相比是截然不同的,这就导致使用水资源所付出的"价格"与水资源的稀缺性之间几乎不存在相关性:

> 这里必须强调的是,大多数用户为水资源所支付的价格最多反映了水资源的供应成本,而不是水资源的稀缺价值。用户会支付供水基础设施的资金成本和运营成本,但是在美国和许多其他国家,水本身是不收费的。水资源的所有权属于国家,人们对水资源的使用却是免费的。因此,人们对待水资源的方式也就与石油、煤炭或者其他矿产资源有所不同,通常美国政府会要求相关方支付针对这些矿产资源的开采费。虽然包括英国、法国、德国和荷兰在内的一些欧洲国家的确对水征收了抽取费,但是这些收费往往更类似于行政收费的性质,并不是以对抽取水资源的经济价值的评估为基础的。因此,水资

源价格便宜的地方，实际上并不是当地水资源本身非常充足，而通常是建造用水基础设施成本较为低廉，或者政府对水资源进行了一定的补贴。①

为了理解为何水资源与石油和其他自然资源商品相比如此不同，有必要探索并进一步比较水与石油资源之间的物理和经济特征。

作为物理资源的水资源

石油是一种储量有限且较为固定的资源，也是不可再生资源的一种典型代表。一旦发现某处地下具备石油储量，并已开启了石油钻探活动，那么该处地下石油将源源不断地从这一固定存储点中被开采出来。作为一种不可再生的地下储藏资源，石油的流动性并不强，并且石油储备也不会在供应上出现自然性的波动。

相比之下，仅就地下水供应来说——那些存在于地下矿床中或含水层中，以及沙砾、岩石中的水资源——因其补给速度缓慢，故通常被视为不可再生资源。我们现有可获取的淡水资源大多源自地表之上，多存在于湖泊、河流、溪流和其他形式的水体中。同时，这些地表水通常被视为可再生资源，因为这些水资源能够迅速地通过当地水循环和流动而得到更新补充。

水具有较高的流动性，因而我们可获取的水资源在供应方面的波动性也很强。水不会贮存固定于一个地方；水会流动、蒸发、渗透和发散。能够对水体进行补充的降水和溪流的季节性循环是很难预测和掌控的。这种可变性反过来也就意味着，有时会出现

---

① W. Michael Hanemann(2006)，"The Economic Conception of Water"(《水的经济学概念》)，in Peter P. Rogers，M. Ramón Llamas and Luis Martínez-Cortina，eds.，*Water Crisis：Myth or Reality?*（《水危机：神话还是现实?》)（London：Taylor and Francis)，pp.77－8.

水资源过多的情况,这样就会导致诸如洪水等自然灾害,或者有时会出现水资源过少的情况,这样就会导致长期的干旱。就地下水而言,虽然这类资源可能不会出现季节性的波动,但人们往往很难弄清楚地下含水层中的水量,也很难知道地下水资源的补给速度。

水的另一个不同寻常的特点是它的高度可溶解性。这意味着很多的物质——从与人类和动物活动相关的污水到有毒化学品——都非常容易溶解在水中。这使得水成为吸收污染物和废物的理想介质。其所产生的不利后果便是水质在不同的地方会存在很大的差异性。因此,虽然水资源供应充足,但可能并没有足够的符合水质要求的水资源以供给众多重要的使用领域,如用于人类或动物,或用于灌溉。

作为经济资源的水资源

水资源的这些物理特性具有很重要的经济意义。因为水资源的可变性和流动性过高,人们很难定位、测量并获取水资源。因此,对水资源的专属产权的认定或强制执行可能就会面临诸多问题,这就使水资源很难变得"市场化"。即便与水有关的所有权制度能够建立起来,但如果水资源的获得存在不确定性,那么就很难知道能够开采和销售多少水资源量。同样,某些领域的水资源使用,特别是农业灌溉方面,通常属于间歇性用水。农作物只需要在某些特定的时期和季节使用水资源灌溉,而且在水资源用量方面也会存在很大的波动性。农业用水的这种特性就会导致农民倾向于与其他农民分享他们所获得的水资源,而不会鼓励由农民个体独占并宣称自身对水资源拥有排他性所属权。

除此之外,和许多流体一样,水资源的体积非常大,因此很难进行长途运输。其中一些商品,如石油,时至今日已经价格不菲,今天(2018 年 7 月 11 日)石油的价格是每桶 65 美元,因此其价格已经足以支撑石油在世界各地的运输。与石油不同的是,水的价值相对于其单位重量而言是极低的。因此,相较于水资源的最终使用价值,水资源的运输成本是非常高的。相比于运输单位重量价值更高的资源如石油资源,建造昂贵的专门性的运输网络来实现水资源的跨地区甚至跨国的长距离输送,所耗费的成本是非常高的。

水在储存、输送、运输和分配方面的高成本,意味着其容易受到**规模经济**的影响。通过投资建造基础设施以大量储存、输送和分配水资源的方式,我们可以解决水资源的流动性和可变性过高的问题,但这些基础设施对于个人用户来说过于昂贵。解决这类成本问题的唯一方式是建造覆盖范围足够广的必要性基础设施,这样,这些固定成本投资就能够分摊到总量巨大的储备性和分配性水资源上。这就能够保证向用户供水的平均成本下降。但要实现这种规模经济,需要大量的前期投资,而这些投资只有诸如政府部门和私人公司才能够承担得起。因此,水资源通常是作为政府部门的公共产品进行供应,或委托私人投资机构对水资源进行监管(例如垄断形式)。

水的使用方式也具有独特性。石油在使用时能够被完全消耗掉,特别是当燃烧石油以提供能量的时候。这也意味着某个用户使用石油资源,是很难与其他用户进行共享的。相比之下,人们对水的大部分使用方式是具有次序性的,第一个用户很难实现水资源的完全消费。例如,在河流从上游集水区流向终点的河漫滩或海洋的过程中,许多用户能够抽取并使用流经河域的水资源。然后,回流到河流中的水资源可供处于更为下游的其他用户使用。事实上,有些用水,如水力发电、水上运输和水上娱乐项目是不需要抽取地表水的。用于这些目的的水资源,既无须抽取也不会消耗地表的水资源。

然而,次序性的用水可能会产生另一种影响,即水质受到影响。如果河流受到污染或河流水温存在变化，经上游用户使用后回流入河的水资源水质就会明显下降。这样下游用户就可能受到严重的影响，特别是如果下游用户出于健康和卫生原因而需要足够清洁的水资源。因此，经过次序性使用后的水质状况，可能比能获取的水资源总量更为重要。

兼具私人产品和公共产品性质的水资源

水的这些特性意味着水资源既可以作为**私人产品**，有时候也可以作为**公共产品**。经济学家通常通过两种属性来区分商品的性质：商品在使用或消费过程中的**竞争性**和**排他性**。当一种商品具有**竞争性**的时候，某个使用者对商品的使用就会减少其他人可获得产品的数量。当一种商品具有**排他性**的时候，某个使用者在消费商品时，其他使用者便无法同时使用该产品。私人产品兼具这两种属性。但是如果某个使用者在使用某种商品的时候，既无法排除其他使用者使用该产品的可能性，也不会减少其他人获取该产品的数量，那么这种商品就属于公共产品。

同样，石油是私人产品的典型代表。我为我的车购买的汽油是仅供我个人使用的，并且我消费了多少石油资源，就意味着其他车主再无法获得这些石油资源。[①] 相比之下，水到底是私人产品还是公共产品取决于水被使用的方式和具体环境。

例如，一旦水被输送供应于家庭、工厂或农场使用，水就具备了私人产品的性质。每个用户对水都有专属权，一个用户消费多

---

① 当然，地下石油资源往往储量巨大并且很难确定这些沉积物中含有多少石油。开采石油可能意味着可供其他国家使用的石油会变得更少，因此这些石油储备国之间仍然是竞争对手关系。但是，除非将独有开采权授予单一用户，否则很难将其他实体排除在钻井和石油开采之外。在这种情况下，油田严格来说并不是一种私人产品，而应被视为一种公共资源——对其开采和使用是竞争性的，但不是排他性的。另请参阅下一注释和本章后面关于水作为公共池塘资源的进一步讨论。

少水量,则会相应减少其他用户等量水资源的使用。水库或者供水系统中的水资源也属于私人产品。这种水的使用是具有排他性的,一旦某个用户使用了其中多少水资源,其他用户就相应减少了可获取的水资源量。然而,水库储水来源的水资源可能属于公共产品。水库水量的维持来自自然环境中的水源补给,如可能来自流入水库的河流水源。尽管这种水源的补给流量可能会随着季节和降水量的变化而改变,但一段时间内持续性地使用水库中所储存的水,并不会减少总体的可用水量。而且,假设水库的水源供应是充足的,那么使用者在水源供应充足的情况下对水库中水资源的使用则不具有排他性。事实上,大型水库可以同时用于多种用途,如饮用水、清洁卫生、工业用途、娱乐和航海等。

许多非消耗性使用的水资源也具有公共产品的性质。在河流和湖泊上开展的水上娱乐和航行项目并不需要抽取水资源,甚至水力发电也未必需要永久性地取水。水资源的这类使用并不妨碍其他使用目的,也几乎不会对可用水资源的总量造成影响。水也是水生植物和野生动物栖息地的重要组成部分,某个个体对水生栖息地的使用与其他个体的使用之间并不存在排他性。

改善水质是一种极为重要的公共产品,如通过减少污染、清除泥沙或对可能出现的极端气温现象进行控制的方式,对水质进行改善。一些水生栖息地能够自行通过净化水域、调节温度和聚拢受侵蚀的土壤等方式,实现水质的改善。通常来说,水质的改善需要人为措施或者卫生设备的投入。然而,无论通过何种方式实现水质的改善,任何能够促进水资源改善的因素,通常都具备公共产品的性质。如果某人居住在污染减少的湖边,那么此人因使用水质更为洁净的湖水而获得的收益,并不会降低其他人使用该洁净湖水的收益,且所有的使用者都可以同时享受到这些水质净化带来的益处。

在某些情况下,水可能既不完全属于私人产品,也不完全属于公共产品,而是介于私人产品和公共产品之间。① 例如,在某些情况下,水资源在获取方面仍然是竞争性的,但在使用方面并不具有排他性,这种情况下水是**公共池塘资源**。我们将在本书中探讨地下水枯竭和河流管理这两类重要的案例。

需要再次强调的是,地下水储备通常补给缓慢,因此它们实际上是不可再生资源。一方面,这意味着从含水层中抽取水用于灌溉或者家庭用水,将相应地减少可供他人使用的水量。但人们往往无法清楚地知道地下水储量的规模和范围。一个正在抽取地下水用于灌溉的农民往往很难排除其他农民对该地下水的使用。同样,许多家庭也可以同时打井,共同使用同一地下含水层的水资源。因此许多地下水资源具有公共池塘资源的性质。

河流长久以来也被视为公共池塘资源,这主要是为了保证河流上的航行自由或阻止个别用户控制河流的水资源供应。此外,河流是地表水资源中可变性最高且流动性最强的,因此,人们往往很难对河流水资源进行界定、测量甚至抽取。一个人或甚至数人是几乎不可能建立起对河流的专属所有权的。事实上,从罗马时代起,宣称对河流专属所有权的行为就已经被法律禁止了。对于河流和其他流动性的水,甚至有时候对于湖泊中的水来说,这些水资源往往是无法为人们所占有专属的,而仅可供人们使用。在某些情况下,这些"使用权"还要经过严格的分配管理。但是在其他一些情况下或地方上,这些水资源的使用可能并没有经过严格的控制和管理。因此,这些差异性反过来也使这类公共池塘资源的

---

① 当一种商品的消费或使用要么是竞争性的,要么是排他性的,且不是两者兼备时,这种情况会出现。"除了私人产品和公共产品,还存在着一种中间情况,即在产品的消费方面存在竞争,但不存在排他性。这些资源被称为公共池塘资源。例如鱼塘、森林、牧场和油田。另一种中间情况,有时被称为俱乐部商品或准公共产品,是指存在非竞争性和具有排他性可能的产品。例如电视频率、公共图书馆和桥梁,因为这些产品中每个产品的使用都可能会对其他人的使用产生排他性。此外,在俱乐部商品总消费量较低的情况下,可能存在着非竞争性,但一旦该产品的使用变得拥挤,即对其消费处于较高水平的情况下,就可能会产生竞争性——例如在公园和桥梁的使用上就可能会发生这种情况。"Hanemann(2006),p.62.

管理变得复杂。

把水资源及其使用视为公共产品或公共池塘资源,会产生两种重要的后果:在个人使用方面会出现**供给不足**的情况;在市场供应方面其**价值**则会被**低估**。从清理湖泊污染这个例子就可以看出,如果一个人愿意为清除湖水中的污染支付费用,那么其个人也会受益于湖泊水质的改善。但其他使用该湖水资源的人也会同时受益。其中的区别就在于,一旦某个人已经为污染清除付费,其他人就不会再有为清除污染付费的意愿和主动性了。付费的这个人可能就会反思进行这种投资是否值得。但通常情况下,由于水污染的清洁程序通常耗资巨大,而且已为之付费的个人,也知道其不能因此而向其他获益人收费,所以个人可能既不愿意也不具备足够的经济实力,为减轻湖泊污染进行投资。其他使用湖水资源的人也会得出类似的看法,所以清理水污染这类行为就不会出现。或者,用经济学的语言来说,如果将水质改善的工作留给个人来完成,那么水质改善将出现供不应求的情况。

公共产品在市场上的价值也被低估了,市场上出现的多为私人产品,而公共产品很少。例如,湿地等水生栖息地为环境提供了很多有益的效用,这些有益效用往往属于公共产品,包括为特有物种提供繁殖或避难之所,为人们提供娱乐、狩猎和旅游的去处,或为水资源供应提供净化功效。这是湿地的自然功能所带来的有益效用,许多人也能够同时"免费"地享受到这些益处。结果就是,像湿地这类公共产品的使用是不存在"市场"的,因此也就没有"价格"可言。但是这类服务的实际价值并不为零。因为很多人能够从这类公共产品所提供的服务中获益,这些湿地的价值就是所有享受到这些湿地所提供服务的个体所获得的额外收益的总和。尽管这些湿地为人们提供的服务没有"市场价格",但这些服务的价值可能是巨大的。湿地所提供服务的价格(零),与享受到服务的所有受益人得到的实际价值之间的差距,恰恰表明了这类公共产品在市场上的价格是如何被低估的。

最后,那些不使用某处水资源来进行灌溉、娱乐或者饮用水供应的个体,仍然可能重视这些水资源的退化或者枯竭。这些人可能在观念上是十分珍惜这些水资源的,即便他们也许永远不会使用、观光旅游或者甚至看到这部分水资源,而仅仅是因为他们重视水资源的存在,或者认为这些水资源应当延续下去以供子孙后代使用。那些**非使用价值**是不具备"市场"或"价格"可言的,但对于某些特殊的水资源或者栖息地来说,这些价值可能是具有重要意义的,如美国和加拿大之间的五大湖(Great Lakes)、非洲的奥卡万戈三角洲(Okavango Delta)和欧洲的多瑙河(Danube River),对于这些生态栖息地和其他重要的水资源来说,非使用价值可能是这类公共产品所提供收益的重要组成部分。

要么使用水,要么失去水

水具有独特的物理和经济属性的其中一层含义是,它鼓励世界范围内的人们运用"要么使用水,要么失去水"的方式来对待水资源。因为人们很难建立起对水资源的专属产权,但同时又存在着大量竞争性用水需求,水资源的"第一使用者"就具有很强的意愿去囤积和使用尽可能多的水资源。通过最先获取水资源,第一使用者相对于其他用户来说可能也会得到水资源的优先使用权。然而,除非"第一使用者"能够充分使用其所分配到的水资源,否则其用水权可能就会被取消。这时下一个用户可能就会宣称其对水资源的第一使用权。因此,所有潜在的水资源使用者都会根深蒂固地存在"要么使用水,要么失去水"的想法。

在世界上的一些地区,包括整个美国西部和一些发展中国家,这种"要么使用水,要么失去水"的水资源处理方式已被以法律形式确定下来。例如,美国有**先占原则**,这也是每个西方国家从 19

世纪起就对地表水所采用的开采原则。所谓"谁先占领,谁就有优先使用权"的原则,也就是先占原则,允许个人通过最先宣称对某处水资源的占有,从而获得对该处水资源的获取、转移或者使用权。这种优先权,或者最高级别的水资源占有权,属于那些最先将水资源从湖泊、河流或者溪流中转移出来,并将其用于有益使用之处的人们。随后的水资源索取者们可以享受到较低一级的优先权或初级使用权。其结果就是产生了"水权阶梯"。例如,在干旱时期,如果第一个宣称占有水资源的所有者优先使用了其所有可得的水资源,那么具有较低一级水资源使用权的人们可能就没有水资源可以使用了。但是,对水资源的宣称占有,也是建立在对水资源"有益使用"的基础上的,即所有具备优先权的使用者,必须证明其所需要的水资源量,是符合某些"可获批准"用水申请要求的,如符合作物灌溉、牲畜用水、采矿、家庭、工业和市政供应等方面要求的水资源使用量。正如经济学家加里・利贝卡(Gary Libecap)所指出的,"然而,使用权持有者为了维持其所有权,多将水资源的有益使用的申请,集中于那些低边际效益的'可获批准'用水方式的申请,而忽视了那些虽然可能并不符合这一政治决定的原则,却含有较高边际效益的水资源使用,从而造成水资源的浪费"[1]。

"要么使用水,要么失去水"的观念也普遍存在于**跨界水资源**的管理中。全球水资源管理所面临的一个重要且复杂的问题是,由于河流流域、大型湖泊、含水层和其他淡水水域往往跨越国界,因此许多国家共享水资源,而这些跨界水域对许多人、国家和地区来说是一种日益重要的水源地。[2] 对于跨界水资源,尤其是国际和地区性河流,"首次使用"一般是由地理位置决定的。如果某个国家、州或省位于集水区的上段部分或者河流上游地区,那么其

① Gary D. Libecap(2011),"Institutional Path Dependence in Climate Adaptation:Coman's 'Some Unsettled Problems of Irrigation'"(《气候适应中的制度路径依赖:科曼的"一些未解决的灌溉问题"》),*American Economic Review*(《美国经济评论》)101,pp. 64 – 80,at p. 70.
② Barbier and Bhaduri(2015);Wolf(2007).

就默认拥有对该水资源的初占权。这些国家或地区通过建造必要的基础设施以获取、存储或截留流经该地的水资源,从而轻易建立起对这部分跨界水资源的优先使用权。相比之下,位于集水区下段部分或河流下游的政治实体,则只能拥有上游水资源获取者释放到下游的水资源。上游国家、州或省因此就会有较强的动机以尽可能多地使用水资源,这也为其在随后与下游政治实体就任何有关跨界水资源管理所进行的协商提供了优势。

先占原则和跨界水资源,仅仅是体现"要么使用水,要么失去水"这一用水理念对有效且高效管理利用水资源造成阻碍的两个例子。这一用水理念,是导致可用淡水资源在分配方面无法满足日益增加且竞争日益激烈的有益用水需求的症结所在,也对未来实现水资源的更有效和更公平管理构成了重大挑战。在我们应对这一挑战之前,有必要探索一下人类与水资源之间的复杂关系,知晓其是如何在历史上演变成今天的水悖论的。正如我们在下一章中将要看到的那样,这种关系所产生的历史根源,是我们当下与水资源市场、政策和治理有关的管理机构未能确保将稀缺的水资源视为"经济产品"的一个重要原因。

第二章

人类和水

　　人类今天所面对的水悖论并不仅仅产生于数年或甚至数十年前。其产生的历史渊源已久。对这段历史进行探索是非常重要的，因为人类与水资源之间的复杂关系经历了巨大的变化。这些变化已经影响了我们主要的市场、政策和治理机制，并对重大技术创新产生影响。了解当下我们主导的用水激励机制、制度和创新成果是如何从过去的时代中演变而来的，对于解决人类目前未能将水资源视为珍贵和稀缺资源进行管理这一问题来说至关重要。

　　今天从适应经济发展的角度对水资源所采取的管理和使用方式，与过往相比已大不相同。从约一万年前农业转型开始，人类开发并使用更多的水资源，从而推动了经济的大发展。开发和控制水资源，并不是对水资源的可持续发展形成威胁，而是保证经济发展成功和长久可持续的关键。史蒂文·所罗门（Steven Solomon）总结了水资源与经济发展之间的关系：

　　　　纵观历史，每当水资源增加，变得更易于管理、通航和饮用时，社会通常保持着持久繁荣的状态。那些成功实现并显著加强对水资源控制和供给的人,在历史上通常为数不多,这些人打破了历史上长期不变且仅能维持生存的水资源供应常态,使人们享受到了水资源增加所带来的社会繁荣、政治活力迸发,甚至成就了短暂的历史辉煌时期。通常,重大的水资源创新刺激了经济、人口和领土的扩张,推动了世界历史的发展。相比之下,那些无法攻克从远距离获取最优质水资源难题的人们,都不可避免地成了历史上穷困的那批人。①

虽然水资源开发与经济发展之间的关系发生了变化,但是很多与水资源相关的制度和创新机制没有改变。水看起来很便宜,但这只是人为造成的结果。相反,我们目前的市场、政策和治理机制低估了水的价值。因此,我们仍旧在过度使用水资源,仿佛水资源并不稀缺。我们绝大多数的水资源创新技术仍致力于扩大我们对水资源的指挥和控制,而不是随着经济的发展减少水资源的使用。

正如我们将在本章中所看到的,当下的水资源治理和创新机制在很大程度上是过去时代的产物,当时的历史发展还是依赖于发现和开发更多的水资源。但这里的首要前提是,水资源能够始终保持供应充足、可利用,并且是促进经济发展所必需的资源。

这些已有的水资源治理机制和创新机制,对于我们应对当下全球水资源日益短缺的问题来说是不够的。正如经济史学家所强调的那样,制度往往是"历史的载体",就水资源管理而言,这种制度上的"路径依赖",并不利于当下更为健全的水资源管理方式的

---

① Solomon(2010),p.15.最近几本书也追溯了水和经济发展在人类历史上的作用。例如参见 Brian Fagan(2011),*Elixir:A History of Water and Humankind*(《长生不老药:水与人类的历史》)(New York:Bloomsbury Press);Sedlak(2014);Terje Tvedt(2016),*Water and Society:Changing Perceptions of Societal and Historical Development*(《水与社会:社会和历史发展观念的转变》)(London:I. B. Tauris)。

形成。[1]

为了证明这一过程,本章重点介绍对水资源价值和经济发展具有持续性影响的水资源治理和创新机制,其关键性的历史变迁过程。从本质上说,我们将探讨人类与水之间的复杂关系是如何历史性地演变为今天的水悖论的。

农业转型与早期文明的兴起

农业转型是一个良好的开端,当时全球性农业的出现与拓展是与可获取大量水资源以及灌溉和其他新兴水利基础设施方面出现了大量技术创新密切相关的。[2] 从 12000 年前到 5000 年前是人类逐渐向农业社会转型的时期,被认为是"迄今为止人类最为重要的改造自然社会的历史过程",其经济意义甚至超过了贸易和制造业的出现。[3] 我们今天几乎所有的家畜和栽种作物都起源于这个时期,农业在这一时期也最先出现,成为占主导地位的全球粮食生产体系。尽管在农业转型时期发生的变化是渐进的、深刻的,但正如考古学和史前史学家斯蒂芬·米森(Stephen Mithen)所言,这种变化通常伴随着人类的经济和社会发展的开始:

① Paul A. David(1994), "Why Are Institutions the 'Carriers of History'? Path Dependence and the Evolution of Conventions, Organizations and Institutions"(《为什么制度是"历史的载体"? 路径依赖与公约、组织和机构的演变》), Structural Change and Economic Dynamics(《结构变化与经济动态》)5:2, pp.205-20。"路径依赖"一词在经济学和经济史中经常用于表示经济结果对先前结果的路径依赖,而不仅仅是对当前条件的依赖。技术变革(例如创新)的机制和过程会受到普遍路径依赖的影响,因为一旦它们被创造出来,其演变过程往往变得非常缓慢。"路径依赖不仅仅是制度演进的递进过程,在这个过程中,昨天的制度框架为今天的组织和个体企业家(政治或经济)提供了机会。制度矩阵包括相互依存的机构网络和随之产生的以巨额增长性回报为特征的政治和经济组织。也就是说,这些组织的存在得益于体制框架提供的机会。" Douglass C. North(1991), "Institutions"(《制度》), Journal of Economic Perspectives(《经济展望杂志》)5:1, pp.97-112, at p.109.
② Edward B. Barbier(2011a), Scarcity and Frontiers: How Economies Have Developed through Natural Resource Exploitation(《稀缺性与前沿领域:经济如何通过自然资源的开发而发展》)(Cambridge, England: Cambridge University Press), ch.1; Solomon(2010), ch.1.
③ Arnold Toynbee(1978), Mankind and Mother Earth(《人类与地球母亲》)(London: Granada), pp.40-1.

　　人类历史开始于公元前 50000 年前……但是直到公元前 20000 年前，人类历史都没有发生重大的变化，人们就像他们的祖先千百万年来所做的那样，过着狩猎采集模式的生活……在这之后的 15000 年（即公元前 20000 年至公元前 5000 年），历史发生了惊人的变化，这一时期见证了农业、城镇和文明的起源。直到公元前 5000 年，现代世界的基础已经奠定，在这之后的古希腊、工业革命、原子时代、互联网时代里，没有任何历史事件能够与最初农业社会起源的意义相匹敌。①

　　从大约 10000 年前开始，数千年来植物和动物的驯化都是分开进行的，这一情形发生在世界的各个地方：亚洲西南部肥沃的新月地带、中国的黄河和长江流域、墨西哥中部、安第斯山脉中部和亚马孙河流域，以及美国的东部地区。② 通过狩猎采集者逐渐习得并采用农业的生产模式，或由迁移到此的农民取代原住猎民的方式，农业从这些最原始的"人类家园"逐渐扩展到世界其他地区。在 10000 年至 3000 年前这段时间里，农业广泛传播，仅受到了海洋、山脉、沙漠和极端恶劣气候环境所造成的"自然屏障"的限制。

　　不断变化的气候条件，加上靠近水资源丰富地区的条件，至少影响了三个地区向农业的转型，即肥沃的新月地带、美国的东部地区和撒哈拉以南的非洲地区。③ 例如，考古学家布鲁斯·史密斯

① Stephen Mithen（2003），*After the Ice：A Global Human History：20000—5000 bc*（《冰河世纪之后：全球人类历史：公元前 20000 年—公元前 5000 年》）（Cambridge，MA：Harvard University Press），p.3. 请注意，此处"bc"指的是传统公元纪年体系，其中公元元年被指定为耶稣基督的出生年份。
② 更多细节和讨论，见 Barbier（2011a），ch.1；Stephen Mithen（2003），*After the Ice：A Global Human History：20000—5000 bc*（《冰河世纪之后：全球人类历史：公元前 20000 年—公元前 5000 年》）（Cambridge，MA：Harvard University Press）；Peter Bellwood（2005），*The First Farmers：The Origins of Agricultural Societies*（《第一批农民：农业社会的起源》）（Oxford：Blackwell）；Bruce D. Smith（1995），*The Emergence of Agriculture*（《农业的起源》）（New York：Scientific American Library）。
③ 这通常被称为"绿洲理论"，由柴尔德最早提出，见 V. Gordon Childe（1936），*Man Makes Himself*（《人类创造自己》）（London：Watts）。柴尔德认为，上一次冰河时代的末期的气候变化导致许多地方干旱，迫使人类和动物聚集在孤立的"绿洲"中，特别是在肥沃的新月地带，最终　　（转下页）

（Bruce Smith）认为，这段时期气候更加寒冷和干燥，"加剧了肥沃的水边栖息地和偏远的干燥地带之间的环境梯度，使得在干旱地区的狩猎采集者们，尤其是那些习惯定居生活的人们，难以维持社会的正常运转"[1]。其结果就是，人类栖息地开始呈现出参差不齐的情形：相对富裕和习惯定居生活的狩猎采集社会，集中在了靠近河流、湖泊、沼泽和泉水的低洼地带，这些地区通常资源丰富，有着大量的动物、植物和水生物种，其周围通常是更为干旱、资源贫瘠且人烟稀少的环境带。最终，定居在一些水源和资源富饶地区的人们开始"广泛寻找能够降低长期风险的方法"，一个明显的策略就是"通过不同方式的试验，来提升有用物种的可靠性"。这类情形可能曾在不同时期内出现于肥沃的新月地带、美国东部和撒哈拉以南非洲等地，但史密斯认为其最终结果是一样的："在这三个地区，生活在河流、湖泊、沼泽和泉水附近定居地的富裕社会驯化了种子植物，这些地方通常既可以为人们提供丰富的动物蛋白质——例如鱼类和水禽，也可以为人们提供能够保证作物收成的含水量丰富的土壤。"

史密斯还指出，"世界上其他地区似乎也符合这一普遍性模式"。例如，早期种植黍类和稻谷的农民，出现在定居于长江和黄河流域内资源丰富的河流和湖泊附近的富裕社会中。安第斯山脉的中南部地区似乎也符合这一模式，主要的家养和驯化中心似乎多分布于较低海拔的河流和湖泊地区，而不是在高海拔的山脉地区。同样，在墨西哥，"从塔毛利帕斯州（Tamaulipas）和特瓦坎

（接上页）促成了驯化。柴尔德还认为，"肥沃的土地集中在冲积盆地和绿洲之中，这限制了土地的供应，但使其能够通过灌溉加以改善"，转引自 Andrew Sherratt（1997）, *Economy and Society in Prehistoric Europe : Changing Perspectives*《史前欧洲的经济和社会：正在改变的观点》）（Princeton：Princeton University Press）, p. 59. 又见 Peter Bellwood（2005）, *The First Farmers : The Origins of Agricultural Societies*（《第一批农民：农业社会的起源》）（Oxford：Blackwell）; Bruce D. Smith （1995）, *The Emergence of Agriculture*（《农业的起源》）（New York：Scientific American Library）。

[1] 见 Bruce D. Smith（1995）, *The Emergence of Agriculture*（《农业的起源》）（New York：Scientific American Library）, pp. 207 – 14。

（Tehuacán）等高海拔地区的洞穴遗址中所发现的驯化证据也表明出现了向农业生活方式的过渡，这种过渡通常主要发生在资源丰富的低海拔谷地"。

农业一旦在这些地方建立起来，就会迅速地向周边地区和其他地区扩展开来。环境条件在这一扩散过程中似乎起到了重要的作用，其中最为重要的因素仍旧是降雨量以及能否获得水源丰富的栖息地。例如，非洲大陆上的农业呈现出从维多利亚湖（Lake Victoria）到纳塔尔（Natal）地区扩展的轨迹，尽管这跨越了 30 度的纬度范围，并从热带扩展到了温带；然而，这些地区降雨量的季节性变化很小。同样，从墨西哥中部到北美的农业扩张跨越了 12 度的纬度范围，并且需要绕过沙漠屏障，整个跨越地区内相似的降雨条件是促成这一扩张过程的重要原因。相比之下，从俾路支（Baluchistan）地区到哈里亚纳邦（Haryana）的农业扩张发生在同纬度地区，却受到降雨量季节性变化的阻碍。[①] 因此，邻近土地广阔、土壤肥沃、降水丰富的地区，并且能够获得适于早期耕作技术的水资源条件，这些似乎是促进农业迅速发展的必要因素。

在亚洲西南地区富饶多产的洪泛平原上，得益于诸如灌溉和关键农产品发展等方面的创新，农业产生了盈余，这些盈余有助于城市化、制造业和贸易的产生。到公元前 5000 年左右，这些水资源丰富的地区逐渐发展出了以农业为基础的经济形态，这种经济形态可以支撑大规模的城市人口从事非粮食生产性的活动，如制造业、商业和国防业等。灌溉和其他各类与水相关的技术创新对人们获取更多的水资源起到了重要作用，使人们在土地和水资源有限的地区能够应对日益增长的人口和经济压力。

例如，大约 5000 年前，底格里斯河和幼发拉底河流域形成了具有庞大灌溉网络的农业体系，促进了新兴城邦的出现。然而，在接下

---

① 有关进一步的讨论和示例，见 Peter Bellwood（2005），*The First Farmers: The Origins of Agricultural Societies*（《第一批农民：农业社会的起源》）（Oxford: Blackwell）。

来的 1500 年内,由于人口压力和气候变化,涌现出了一系列的技术创新。其中包括:建造新的灌溉项目和运河;为开采地下水并将其用于农业灌溉和城市用水供应而建造地下供水系统;建造存储剩余粮食的设施;为扩大农业用地面积而排干沼泽和湖泊;为防止现有可耕地遭到侵蚀而建造梯田及其他保护性工程。周边半干旱地区的旱作农业和畜牧业也需适应气候和季节性降雨变化所带来的影响。在整个近东地区,由于干燥的气候条件和长期的干旱,"每个阶段的人类社会都经历了许多深刻的变化,人们被迫寻找新的方法以应对水和食物短缺"[1]。一直以来为应对水和食物的短缺而出现的创新活动,成为伊斯兰国家崛起的一个关键因素,也成就了"伊斯兰黄金时代"(公元 1000—1492 年)的辉煌。

引水灌溉的出现对于中国早期王朝的崛起同样至关重要。早期种植黍类和稻谷的农民,最早出现在长江和黄河流域内资源较为丰富的河流和湖泊水系附近。在这些肥沃地区定居下来的人们最初主要以河漫滩地区农业为生,这也成为 4000 年前中国早期王朝建立的基础。[2] 通过排水系统的建造和对广阔内陆沼泽地的开发耕作,河漫滩地区农业和山地流域的聚落得到了系统性的扩大,并最终通过人工运河和水道系统连接起来。然而,随着稻米种植所带来的农业用地需求的增长,在华南地区的低地和河流三角洲地区开垦土地成为唯一的选择。从公元 10 世纪开始,水坝和人工

① Arie S. Issar and Marranyah Zohar(2004), *Climate Change: Environment and Civilization in the Middle East*(《气候变化:中东的环境与文明》)(Berlin: Springer), p. 132.

② 例如参见 Mark Elvin(1993), "Three Thousand Years of Unsustainable Growth: China's Environment from Archaic Time to the Present"(《三千年来的不可持续增长:从古代到现在的中国环境》), *East Asian History*(《东亚历史》) 6, pp. 7 – 46; Mark Elvin and Liu Ts'ui-jung, eds. (1998), *Sediments of Time: Environment and Society in Chinese History*(《时间的沉淀:中国历史上的环境与社会》), 2 vols. (Cambridge, England: Cambridge University Press); Li Liu (1996), "Settlement Patterns, Chiefdom Variability, and the Development of Early States in North China"(《聚落形态、酋邦变更与中国北方早期国家的发展》), *Journal of Anthropological Archaeology*(《人类学考古学报》) 15: 3, pp. 237 – 88; John R. McNeill(1998), "Chinese Environmental History in World Perspective"(《世界视野中的中国环境史》), in Mark Elvin and Liu Ts'ui-jung, eds., *Sediments of Time: Environment and Society in Chinese History*(《时间的沉淀:中国历史上的环境与社会》)(Cambridge, England: Cambridge University Press), vol. 1, pp. 31 – 49。

水库的建造,不仅有效控制住了洪水泛滥,为人们提供了可供饮用的淡水资源,从而满足了在低地和三角洲地区数量不断增加的开垦农民们的需要,而且有效调节了灌溉水资源,使大规模灌溉用水的供应成为可能。这类发展过程导致在接下来的 400 年间,人们通过围垦建造将低地转化为可耕种的稻田系统。水资源的有效管理,促进了稻米产量的提高,农业和运输业也实现了大发展。这些进步和发展,成为支撑中国在公元 1000 年至 1500 年间经济发展的主要"引擎"。[①]

灌溉水稻种植的发展,也对公元前 800 年至公元前 500 年间恒河流域内强大印度邦国的出现,起到了决定性的作用。[②] 该地区早先多为热带雨林所覆盖,在铁质农具广泛应用之前,农民们无法进入热带雨林。在人们成功将热带雨林开辟出来后,肥沃的河漫滩土壤和丰富的地表水资源,加上人们采用与中国人同样的梯田水稻种植技术,使原来的这片热带雨林地区转变成理想的灌溉水稻种植地,并最终产生了一个具有较高生产力的定居型农业生产系统,为以城市为基础的新文明的产生提供了支持。这一农业文明也许是第一个建立在大规模改造自然热带雨林的基础上的。

历史学家卡尔·魏特夫(Karl Wittfogel)强调稀缺水资源的供应、灌溉和大规模农业的发展,对城邦和帝国的兴起起到了关键性

---

① 水运在中国的作用不容忽视:"综合起来,这些水道形成了巨型的鱼钩状,即由价格低廉且安全的交通运输构成的一个巨大且肥沃的新月地带。无数的毛细血管——小河和支渠——把主干道延伸至广阔的内陆地区……在世界历史上,没有一个内河航道系统能够像这样成为一种整合大范围和生产性空间的装置……在这样的水路条件下,从宋朝时期起(大多数时候),中国政府就控制了具备大量有用自然资源的广袤且多样的生态区……因此,中国能够拥有大量的资源储备和种类繁多的木材、谷物、鱼类、纤维、盐、金属、建筑石材,以及偶尔还会拥有牲畜和牧场。"John R. McNeill(1998),"Chinese Environmental History in World Perspective"(《世界视野中的中国环境史》),in Mark Elvin and Liu Ts'ui-jung,eds.,*Sediments of Time: Environment and Society in Chinese History*(《时间的沉淀:中国历史上的环境与社会》)(Cambridge,England:Cambridge University Press),vol. 1,pp. 32 - 4. 又见 Solomon(2010),ch. 5.
② William H. McNeill(1999),*A World History*(《世界历史》),4th ed. (New York:Oxford University Press),ch. 4.

的作用。① 他的"水利假说"认为,在半干旱地区,国家需要能够掌控稀缺性水资源供应并满足农业生产的用水需求,这也是高度集权和专制性帝国出现和发展的重要原因。也就是说,由于在半干旱的环境条件下进行灌溉是需要对水资源进行大规模的集中控制的,精英阶层因此垄断了政治权力,主导了经济发展,导致等级分化且组织复杂的社会形态出现。尽管世界各地也涌现出许多规模较小的灌溉型社会,这些小型社会最终未能发展成以灌溉农业为基础的大型帝国形态,但可以看到,绝大多数已形成的以农业为基础的中央集权帝国,都是依靠对大量水资源的控制而建立起来的。② 换言之,人类"文明",也即现代经济和社会的开始,从根本上起源于人们对大规模农业生产用水的管理。

由于对水资源的控制和利用是最早时期城邦和文明崛起的关键,许多早期的农业帝国容易出现用水过度和管理不善的情况,这也意味着这些帝国在应对气候变化、干旱、土壤盐碱化、河流和运河淤积以及洪水泛滥等情况时,是非常脆弱的。表 2.1 列举了部分早期文明所经历的一系列环境压力(包括与水资源影响相关)。通常来说,这些环境压力往往是相互关联的,并且是经历了几十年甚至几百年气候变化或环境退化的复杂模式而产生的。例如,从公元前 2500 年到公元前 500 年间,亚洲西南部地区的气候变得更加温暖和干燥。年降水量减少,干旱更为频繁。其结果是适宜农

① Karl A. Wittfogel(1957), *Oriental Despotism: A Comparative Study of Total Power*(《东方专制主义:绝对权力的比较研究》)(New Haven and London: Yale University Press). 又见 Karl A. Wittfogel(1955), "Developmental Aspects of Hydraulic Civilizations"(《水利文明的发展方向》), in Julian H. Steward, ed., *Irrigation Civilizations: A Comparative Study—A Symposium on Method and Result in Cross Cultural Regularities*(《灌溉文明:比较研究——关于跨文化规则的研究方法与结果专题论文集》)(Washington, DC: Pan American Union).

② 关于魏特夫的水利假说及其局限性的再评估,见 William P. Mitchell(1973), "The Hydraulic Hypothesis: A Reappraisal"(《水利假说:重新评估》), *Current Anthropology*(《当代人类学》)14:5, pp.532 - 4; David H. Price(1994), "Wittfogel's Neglected Hydraulic/Hydroagricultural Distinction"(《魏特夫所忽视的水利的/水利农业的区别》), *Journal of Anthropological Research*(《人类学研究杂志》)50:2, pp.187 - 204; Michael J. Harrower(2009), "Is the Hydraulic Hypothesis Dead Yet? Irrigation and Social Change in Ancient Yemen"(《水利假说已消亡了吗? 古代也门的灌溉与社会变迁》), *World Archaeology*(《世界考古学》)41:1, pp.58 - 72。

业耕种的肥沃土地不断减少,可供耕作的土地仅限于河流谷地和
河漫滩地区。即使是这些肥沃的低地,由于作物种植的增加,也很
容易发生土地退化的现象。过度灌溉会导致耕地盐碱化,也使地
下水体更容易遭到海水入侵。河道变化和周期性的干旱会对可供
应于农业的地表水产生影响,也会导致那些引水而修建的河流和
运河逐渐变得淤塞。[1]

表 2.1　公元前 3000 年至公元 1000 年不同文明及其面对的主要环境压力

文明	时期	环境退化主要因素
美索不达米亚平原南部苏美尔文明*	公元前 2200—前 1700 年	土壤盐碱化;土地退化;森林砍伐;河流和运河淤积
尼罗河谷地埃及文明[†]	公元前 2200—前 1700 年	森林砍伐;土地退化;土壤盐碱化;野生动物灭绝
印度河流域哈拉帕文明*	公元前 1800—前 1500 年	土地退化;过度放牧;盐碱化;森林砍伐;洪水
希腊城邦文明*	约公元前 500—前 200 年	森林砍伐;土壤侵蚀;河流淤积;洪水;污染
中国秦汉王朝[‡]	公元前 221—公元 220 年	森林砍伐;洪水;土壤侵蚀;河流淤积;野生动物灭绝
罗马帝国*	公元 200—500 年	土地退化;森林砍伐;土壤侵蚀;河流淤积;空气和水污染;铅中毒;野生动物灭绝
中国数个朝代[△]	公元 600—1000 年	森林砍伐;洪水;土壤侵蚀;河流淤积
日本数个时代*	公元 600—850 年	森林砍伐;洪水;土壤侵蚀;河流淤积
中美洲玛雅文明[~]	公元 830—930 年	土壤退化;土壤侵蚀;森林砍伐;河流淤积

注:"时期"指各文明从出现到衰落的时期或有资料记载人为引起大规模环境破坏的时期。

资料来源:* Sing C. Chew(2001).

† Sing C. Chew(2006). "Dark Ages: Ecological Crisis Phases and System Transition"(《黑暗时代:生态危机阶段与系统转型》), in Barry K. Gills and William R. Thompson, eds., *Globalization and Global History*(《全球化与全球史》)(New York: Routledge), pp. 163 – 202; Donald J. Hughes (2001), *An Environmental History of the World: Humankind's Changing Role in the Community of Life*(《世界环境史:人类在地球生命中的角色转变》)(London: Routledge).

[1] 关于气候变化在塑造中东古代环境历史中的作用,特别参见 Arie S. Issar and Marranyah Zohar (2004), *Climate Change: Environment and Civilization in the Middle East*(《气候变化:中东的环境与文明》)(Berlin: Springer), ch. 4 – 6。

‡ Mark Elvin (1993), "Three Thousand Years of Unsustainable Growth: China's Environment from Archaic Time to the Present"(《三千年来的不可持续增长:从古代到现在的中国环境》), *East Asian History*(《东亚历史》) 6, 7 – 46; Hughes(2001).

Δ Elvin(1993); John R. McNeill(1998), "Chinese Environmental History in World Perspective"(《世界视野中的中国环境史》), in Mark Elvin and Liu Ts'ui-jung, eds., *Sediments of Time: Environment and Society in Chinese History*(《时间的沉淀:中国历史上的环境与社会》)(Cambridge, England: Cambridge University Press), pp. 31 – 49.

≈ T. Patrick Culbert(1988), "The Collapse of Classic Maya Civilization"(《古典玛雅文明的崩溃》), in Norman Yoffee and George L. Cowgill, eds., *The Collapse of Ancient States and Civilizations*(《古代国家与文明的崩溃》)(Tucson: University of Arizona Press), pp. 69 – 101; Hughes(2001).

这种环境退化的过程可能是造成美索不达米亚平原第一大文明苏美尔文明崩溃的一个重要因素。在公元前 3400 年至公元前 1000 年间,随着苏美尔地区各类城邦帝国的出现、成长和扩张,底格里斯河和幼发拉底河沿岸有限的灌溉土地,难以维持不断增长的人口的生活和生产需求。干旱的气候和多变的降水,不仅会造成河流流量的减少,限制可耕作洪泛平原的发展,还会因地下水水位的上升而使灌溉农田的含盐量增加。尽管苏美尔地区的农业生产力不断下降,可耕地也十分有限,但与周围的沙漠地区相比,这片洪泛平原仍属于较为肥沃的地区,因此也吸引了众多附近地区游牧民族的不断入侵。正是这些入侵最终导致了苏美尔文明的灭亡。[1]

不断变化的环境条件,包括气候变化和水资源短缺,可能会促使许多游牧民族通过征服农业帝国的方式来寻找新的土地。正如历史学家阿诺·汤因比(Arnold Toynbee)最先指出的,气候和环境变化往往是欧亚草原游牧民族在公元前 2000 年时开始进入欧洲和西亚的原因。[2] 一方面,气候温暖和湿润的时期有利于放牧,牧

[1] Sing C. Chew (2001), *World Ecological Degradation: Accumulation, Urbanization, and Deforestation 3000 bc-ad 2000*(《全球生态退化:公元前 3000 年至公元 2000 年间的累积进程、城市化和森林砍伐》)(Walnut Creek, CA: Altamira Press); Arie S. Issar and Marranyah Zohar (2004), *Climate Change: Environment and Civilization in the Middle East*(《气候变化:中东的环境与文明》)(Berlin: Springer), ch. 4 – 6.

[2] Arnold Toynbee(1934), *A Study of History*, vol. 3: *The Growths of Civilizations*(《历史研究,第三卷:文明的成长》)(London: Oxford University Press).

群规模和游牧民族的人口数量都会增加;另一方面,草原地区干旱气候的减少,也导致定居型的农业人口不断向草原地区扩张,以寻求适于作物生长和放牧的新土地。气候变得更为干燥和寒冷的时候也容易引起冲突。在这样的时期内,敌对的游牧民族会因为牧草、饲料和水资源的减少而争斗。争斗失败的游牧民族会被迫迁徙到新的地区,而这些新地方往往已经为定居型的农业社会或文明所居住或控制了。因此,人们认为历史上类似的这种环境条件的变化,正是周边沙漠地区游牧部落周期性入侵位于尼罗河流域的古埃及文明的原因所在。[①]

水资源丰富地区和水资源短缺地区的技术创新和治理机制

实现对水资源的占有和控制成为许多早期文明和帝国成功的重要原因。那些能够获得丰富淡水资源供应的国家,通过继续开发新的技术和治理机制来促进国家对水资源的控制和管理。对于那些位于水资源匮乏地区的社会来说,提高适应恶劣和不断变化的环境条件的能力是非常必要的,可以避免水资源的过度使用和管理不当造成重大的社会灾难甚至引起社会崩溃。

在水资源丰富的地区,一项重要的创新举措就是修建水坝、人工水库、运河和水道以控制洪水,为不断增长的城市人口提供清洁的饮用水,方便人口和生产的运输。最重要的是,这些创新举措还有助于实现对水资源的大规模调节和灌溉安排,从而促进农业的大发展。这些创新举措对于公元 1000 年至 1500 年间中国历代王朝的维持是尤为重要的,这段时期正是始于公元 979 年至 1276 年

---

① George Modelski and William R. Thompson (1999), "The Evolutionary Pulse of the World-System: Hinterland Incursion and Migrations 4000 bc to 1500 ad"(《世界体系的进化脉络:公元前 4000 年到公元 1500 年的腹地入侵与迁徙》), in P. Nick Kardulias, ed., *World-Systems Theory in Practice: Leadership, Production and Exchange*(《实践中的世界体系理论:领导、生产和交换》)(Lanham, MD: Rowman and Littlefield), pp. 241 - 74.

间宋朝建立的富裕且实行中央集权的帝国。国家的首要任务是管理境内的水道和河流。① 运河的开发、水道和内河运输系统的建造以及在洪水控制、水坝、土地复垦项目和灌溉网络方面的投入，都是由当时的政府出资的。这些公共投资的主要来源是当时的政府税收，而政府税收又几乎都来自对农业生产的征税。政府的公共投资反过来又为人们提供了廉价且安全的中国水路运输系统，促进了农产品在境内的长途运输，并为农业种植向新的边境地区扩展提供了更大的动力。而且，由此带来的农业产出的增加意味着政府会获得更多的财政收入。② 对改善运输特别是水路运输的投资，促进了剩余产品市场的拓展和税收征收，增加了社会对货币作为"交换媒介"的需求，扩大了商业服务和贸易的规模。

古罗马也开创了几项重要的新技术，包括发明了可以将谷物磨成面粉的直立水轮车，运用水压采矿，以及用水制作混凝土。混凝土的发明也推动了罗马最重要的发明即引水渠的出现。正如史蒂文·所罗门所指出的，这个城邦内建立了"一个庞大的引水渠网络，使罗马能够获取、输送并管理大量洁净的淡水资源，并将这些水供应于城市的饮水、洗浴和卫生设施方面，其规模超过了此前人类历史上的最大规模，如果没有这种大规模的水渠引水，这个巨型的城市将不可能诞生"③。引水渠系统不仅可以维持容纳100万人的用水需要，而且可为每个居民提供570—760升的日用水量，这与

① 见 Solomon(2010)，ch. 5。
② K. N. Chaudhuri(1990)，*Asia before Europe：Economy and Civilization of the Indian Ocean from the Rise of Islam to 1750*(《欧洲之前的亚洲：从伊斯兰教兴起至公元 1750 年间印度洋的经济与文明》)(Cambridge，England：Cambridge University Press)；Mark Elvin(1993)，"Three Thousand Years of Unsustainable Growth：China's Environment from Archaic Time to the Present"(《三千年来的不可持续增长：从古代到现在的中国环境》)，*East Asian History*(《东亚历史》) 6，pp. 7 – 46；Eric L. Jones(1988)，*Growth Recurring：Economic Change in World History*(《循环增长：世界历史上的经济变化》)，new ed.(Oxford：Clarendon Press)；John R. McNeill(1998)，"Chinese Environmental History in World Perspective"(《世界视野中的中国环境史》)，in Mark Elvin and Liu Ts'ui-jung，eds.，*Sediments of Time：Environment and Society in Chinese History*(《时间的沉淀：中国历史上的环境与社会》)(Cambridge，England：Cambridge University Press)，vol. 1.
③ Solomon(2010)，p. 85.

现代城市中心地区的供水量相当。[1] 罗马人也很快认识到大量水源引入城市,势必会导致废水流出量的增加。他们发明了重力式下水道系统,通过向河流提供不停流动的水源,将废水从城市中带走。[2] 这一引水渠供水系统和污水处理系统在整个罗马帝国的众多新兴城市中心得到了复制推广,这项成就在当时,甚至更为现代的当下,其意义在很大程度上都是其他技术创新所难以匹敌的。

为了应对淡水供应短缺而发明和出现的技术创新和治理机制,对于干旱和半干旱地区几个主要帝国的维持同样重要,尤其对于从公元 700 年到 1500 年间不断发展成为世界经济主导力量的伊斯兰国家来说,是必不可少的。穆罕默德在公元 632 年去世时,已通过伊斯兰教的传播几乎统一了整个阿拉伯半岛。在接下来的数百年间,其追随者建立起了一个庞大的伊斯兰帝国,其疆域范围从印度和中亚横跨到中东、北非直至西班牙。这个帝国迅速分裂成了一个由独立国家组成的松散联合体,或称为"哈里发帝国",涵盖了古代文明的前中心地带——底格里斯河-幼发拉底河流域和尼罗河流域。因此,这个新的伊斯兰帝国,同样面临着古代文明曾经面对和应对的淡水短缺问题:如何以最优的方式管理稀缺的水资源,以维持并满足不断增长的人口和经济的需要?

人们通过一些关键性的技术创新克服了淡水资源严重短缺的局限,技术创新继而促进了新的农作物和耕作制度的发展和推广,这些可推广的新作物和耕作制度非常适合北非、中东和西亚水资源有限地区的灌溉农业。[3] 这些新的农作物品种包括果树(如柑

---

[1] Solomon(2010),ch.4. 又见 Sedlak(2014),ch.1。

[2] 见 Sedlak(2014)ch.1,塞德拉克将罗马的供水和排污系统列为城市水资源发展年序中的"水资源 1.0 时代"。

[3] K. N. Chaudhuri(1990),*Asia before Europe:Economy and Civilization of the Indian Ocean from the Rise of Islam to 1750*(《欧洲之前的亚洲:从伊斯兰教兴起至公元 1750 年间印度洋的经济与文明》)(Cambridge,England:Cambridge University Press);Andrew Watson(1983),*Agricultural Innovation in the Early Islamic World:The Diffusion of Crops and Farming Techniques 700 – 1100*(《早期伊斯兰世界的农业创新:农作物和耕作技术的传播(公元 700—1100 年)》)(Cambridge,England:Cambridge University Press).

橘、香蕉、大蕉和芒果)、经济作物(如甘蔗、椰子树、西瓜和棉花)、谷物作物(如高粱、亚洲稻米和硬质小麦)和蔬菜作物(如菠菜、洋蓟和茄子)。伊斯兰国家还种植了一些新的植物,这些植物也成为纤维制品、调味料、饮料、药物、麻醉品、染料、香料、化妆品、木材和饲料等用品的主要原料。而要实现大规模种植这些工业原料和粮食作物,就需要对农业灌溉系统进行大规模的改造,尤其需要在降雨量稀少而植物生长旺盛的夏季数月的时间内进行灌溉调节。因此由国家主导的水利投资和创新就出现了,这类投资创新包括建造水坝、蓄水设施和其他水利改良设施,开发新技术用于获取、引导、储存和提升地表水,以及通过水井、地下水渠和管道来开采含水层。伊斯兰国家统治者能够从这些水文投资中获得大量收益,其主要是通过两种额外收入来源:额外用水税以及灌溉带来的额外开垦耕地税和收成税。①

  土地用途和税收的改变也促进了农业生产的增长和耕作用地的扩大。土地私有制受法律保护,农业用地成为完全市场化的商品。与水资源相关的权利,特别是可灌溉的权利,也可以市场化交易。这种商业化模式有助于将生产率较低的大地产切分成较小的单元进行出售。正如历史学家安德鲁·沃森(Andrew Watson)所指出的,"其最终结果是使伊斯兰世界拥有了大量的灌溉土地……人们在已有的技术条件下充分利用当时所能够获得的水资源。需要用水灌溉土地的农民,经常要与城市和家庭用水的人们竞争用水,因此在许多地区,几乎所有的河流、溪流、绿洲、泉水、已知含水层或者可预测的洪水都已经被灌溉者们充分

① K. N. Chaudhuri(1990), *Asia before Europe: Economy and Civilization of the Indian Ocean from the Rise of Islam to 1750*(《欧洲之前的亚洲:从伊斯兰教兴起至公元 1750 年间印度洋的经济与文明》)(Cambridge, England: Cambridge University Press), p.244.

开发了"[1]。

公元11世纪到13世纪期间，西欧农业的发展也依赖于新的农业用地尤其是种植谷物用地的增加。这类情况主要出现于欧洲西北部的洪泛平原上，人们通过排干英格兰东部地区的洼地、沼泽和其他湿地，以及在北海和波罗的海沿岸修建堤坝的方式来增加农业用地。[2] 随着农业商业化的发展，粮食和其他农业剩余产品的运输条件也获得了较大改善。与中国一样，欧洲也受益于其地区自然条件，即具备众多可供航行的内陆水道。[3] 整个西欧的商人和水手们，不仅擅长在围绕欧洲大陆三面的海洋和沿海水域内航行，即从波罗的海和北海，到英吉利海峡和大西洋沿岸水域，最后到地中海地区，也擅长在遍布欧洲的各类水量充沛的河流、运河和其他水道中航行。

人们还采取了其他多样化的措施，对河漫滩地区和水道沿线进行大规模的土地清整和定居点建造。其中一个重要的激励措施是有时地方地主会允许农业定居者建造、拥有并经营他们自己用于碾磨谷物的水磨坊，这种水磨坊也是中世纪欧洲农村经济中最为重要且具有利润价值的资本支出了。[4] 但是，由于黑死病、战争和开始于14世纪中叶的其他灾难，农村人口减少，并出现了劳动力大量短缺的情况，这导致谷物产量呈现长期下降的形势。在黑死病流行之前，磨坊和磨坊街区都是专门用于碾磨谷物的。随着

---

[1] Andrew Watson(1983), *Agricultural Innovation in the Early Islamic World: The Diffusion of Crops and Farming Techniques 700－1100*(《早期伊斯兰世界的农业创新：农作物和耕作技术的传播（公元700—1100年）》)(Cambridge, England: Cambridge University Press), p.110.

[2] Robert Bartlett(1993), *The Making of Europe: Conquest, Colonization, and Cultural Change 950－1350*(《欧洲的形成：征服、殖民和文化变迁（公元950—1350年）》)(Princeton: Princeton University Press).

[3] Eric L. Jones(1987), *The European Miracle: Environments, Economies, and Geopolitics in the History of Europe and Asia*(《欧洲奇迹：欧洲和亚洲历史上的环境、经济和地缘政治》), 2nd ed.(Cambridge, England: Cambridge University Press); Tvedt(2016), ch.2.

[4] Robert Bartlett(1993), *The Making of Europe: Conquest, Colonization, and Cultural Change 950－1350*(《欧洲的形成：征服、殖民和文化变迁（公元950—1350年）》)(Princeton: Princeton University Press), p.143. 又见 Joshua Getzler(2004), *A History of Water Rights at Common Law*(《普通法中的水权史》)(Oxford: Oxford University Press), ch.1; Fagan(2011), ch.16.

许多农村地区粮食经济的崩溃,水磨坊被改造用于其他用途,例如布料填充、风箱运转和木料锯切。[1] 这是欧洲基础制造业的开端,并最终导致了数世纪之后工业革命的爆发。

与上述措施相平行的一项制度创新是共有水法及河岸水法的演变。这项法案对于公元 13 世纪至 18 世纪期间大英帝国和其他欧洲国家农业和交通运输业的发展也是至关重要的。[2] 新法案的一个重要贡献在于,将不断增加且具有竞争性的各类水资源用途进行了分类整理,特别对将河流开发用于农业和以水力供能的磨坊还是用于交通运输和渔业,进行了选择和界定。水资源自身的特点才是其私有化过程中最大的法律障碍:与土地和其他固定资源的禀赋相比,溪流和河流中的流水很难轻易地被人们挪用和独占,并排除他人对这些水资源的使用。换句话说,土地可以为人们所占有,但水资源无法归属于某人。为了解决这个问题,英国的普通法中逐渐确立了针对水资源使用的河岸水权。[3] 也就是说,获得水资源的权利与该水体附近的土地相联系,拥有和占据近岸的土地,就能获取该土地近岸河流或河水的使用权益。[4] 起初,这项河岸法主要是为了保护居住在河岸附近的人们古已有之或世袭下来的水资源使用权。但最终,这项法案在英国工业化前期,促进并保

---

[1] David Herlihy(1997), *The Black Death and the Transformation of the West*(《黑死病与西方的转型》)(Cambridge, MA:Harvard University Press)。又见 Getzler(2004), ch.1。

[2] Getzler(2004). 又见 Thomas V. Cech(2010), *Principles of Water Resources:History, Development, Management, and Policy*(《水资源规则:历史、发展、管理和政策》), 3rd ed.(Hoboken, NJ:John Wiley), ch.8。

[3] 水法这一演变的关键意义在于其确认了流动的水是一种人人共有的公共产品,因此是仅具有使用权的客体,这一原则始于罗马普通法,并且延续至今。迈克尔·哈尼曼很好地总结了这一点:"水资源天然的公益性质,且在历史上与航运之间的联系,对水资源的法律地位的形成有着决定性影响。在罗马法以及后来的英美普通法中,以及某种程度上在大陆法系中,流动的水资源被视为人人共有的(*res communis omnium*),且不能为私人所拥有。这些水域只能作为使用权(usufructuary rights,用益物权)的客体,但不能作为所有权的客体。"Hanemann(2006), p.73.

[4] "河岸"(riparian)来自拉丁语 *ripa*,意为"河畔"或"海岸"。因此,正如托马斯·切赫所述:"河岸权指的是河流中的水属于公众,供渔民使用和航行,不能为私人所控制。然而,河流沿岸的土地所有者可拥有水边财产,并且在某些情况下甚至可能拥有河流中心的潜在财产。只要不影响航行,河岸土地所有者可以将河流中的水少量(合理)用于碾磨、家庭和农业目的。河岸土地所有者需要将所有外调用水保质保量地返回到河流中去。"Cech(2010), p.251.

护了农业和水力发电的发展。[1] 同时,这项水法将此前罗马法中优先保障人们共同使用河流和水道进行捕鱼、航行和运输的权利,从而确保货物和人员的运输不会受到其他用水者的阻挠这一规定,也载入其中。因此,在前现代化时期的英国,这些法律的创新促进了农业、水力发电和水路运输的蓬勃发展,并因此促进了经济的迅速发展和扩张。这也为社会和经济发展的下一个重大飞跃——工业革命的产生奠定了基础。

水与工业革命

法律历史学家约书亚·盖茨勒(Joshua Getzler)强调了水资源的用途和水资源总量的增加对于英国工业化发展的重要性:

> 水不仅为工业革命提供了能源来源,也是人们生产生活和城市化进程中的重要资源。酿造业和食品制造业,特别是需要用水来清洗和过滤的制造业,如纺织、染色、印刷、化工和采矿业等,都需要使用水。此外,水资源也是这一时期交通运输革命发生的重要因素:正是由于具备了成熟的内河航运系统,其中包括在17世纪30年代所改良的河道和17世纪80年代所建造的人工河,以矿产能源为基础的新兴经济发展所需的重型矿产原料和工业制成品,能够跨越区域空间的壁垒,实现远距离运输。因此,水资源网络有利于建立起一个庞大的内部自由贸易区,可以使人们减少对小规模本地生产产品的需求和依赖,为人们增加了一道可应对物资匮乏的保障,并且得益于经济范围、规模和专业化水平的发展,加之水运网络的

---

[1] 特别参见 Getzler(2004),ch.1。

建造,这种模式有利于各地经济更好地发挥区域农业和
工业化的比较优势。①

　　与水资源相关的航运和技术发展促进了大英帝国的工业化,
也对将大英帝国类似的发展模式推广到欧洲和西方世界起到了关
键性的作用。例如,工业革命的第一阶段发生于 1750—1830 年间,
其表现主要集中在这一时期的关键发明上,如蒸汽机、棉纺织机、
铁路和汽船。这些技术创新有助于推动大英帝国成为全球经济和
政治的主导国,并且直至 1900 年之前,这些创新对所有正在工业
化进程中的经济体都产生了深远的经济影响。这一时期最重要的
技术创新聚焦于蒸汽机的发明,英国所具备的充足和可开采利用
的矿产资源,为这些机器上发动机的运转提供了有利的原料条件,
化石燃料的兴起也对工业化的发展起到了促进作用。② 尽管煤炭
资源和蒸汽动力的使用是工业革命的基础,但内河航运和工厂使
用水力发电的举措,对始于大英帝国并扩展到全欧洲的这场工业

---

① Getzler(2004), p.37. 又见 Tvedt(2016), ch.2,其中一个引人注意的讨论是,与 18 世纪中叶最强
　大和最富有的两个农业国即印度与中国相比,为什么英国的水资源禀赋更有利于推动此类创新,
　从而启动了工业化进程。
② 例如参见 Edward B. Barbier (2015a), *Nature and Wealth*: *Overcoming Environmental Scarcity and
　Inequality*(《自然与财富:克服环境的稀缺性与不平等》)(Basingstoke, England: Palgrave
　Macmillan); Gregory Clark(2007), *A Farewell to Alms*: *A Brief Economic History of the World*(《告别
　救济金:世界经济简史》)(Princeton: Princeton University Press); Ronald Findlay and Kevin H.
　O'Rourke(2007), *Power and Plenty*: *Trade*, *War*, *and the World Economy in the Second Millennium*
　(《权力与富足:第二个千禧年的贸易、战争与世界经济》)(Princeton: Princeton University Press);
　M. W. Flinn(1978), "Technical Change as an Escape from Resource Scarcity: England in the 17th
　and 18th Centuries"(《以技术变革逃离资源短缺:17 世纪和 18 世纪的英国》), in William N.
　Parker and Antoni Ma̧czak, eds., *Natural Resources in European History*(《欧洲历史上的自然资源》)
　(Washington, DC: Resources for the Future), pp.139 – 59; Jones(1987); David Landes(1998), *The
　Wealth and Poverty of Nations*: *Why Some Are So Rich and Some So Poor*(《国家的富有与贫穷:为什么
　有些国家非常富有,有些国家却非常贫穷》)(New York: W. W. Norton); Angus Maddison(2003),
　The World Economy: *Historical Statistics*(《世界经济:历史统计》)(Paris: OECD); Joel Mokyr, ed.
　(1999), *The British Industrial Revolution*: *An Economic Perspective*(《英国工业革命:经济学视角》),
　2nd ed. (Boulder, CO: Westview Press); Patrick K. O'Brien(1986), "Do We Have a Typology for the
　Study of European Industrialization in the XIXth Century?"(《我们对 19 世纪欧洲的工业化有类型学
　研究吗?》), *Journal of European Economic History*(《欧洲经济史杂志》)15:2, pp.291 – 333; P. H.
　H. Vries(2001), "Are Coal and Colonies Really Crucial? Kenneth Pomeranz and the Great Divergence"
　(《煤炭和殖民地真的很重要吗? 彭慕兰与"大分流"》), *Journal of World History*(《世界史杂志》)
　12:2, pp.407 – 46。

革命所起到的重要作用是不容忽视的。前现代时期,在人们使用运河和河网进行水上运输之前,绝大多数货物必须通过陆路或沿海运输。同样,直至 19 世纪时,英国和欧洲的钢铁工业完全依靠水力发电。因此,大部分的工厂最初是位于河流附近的。事实上,正如社会历史学家泰耶·特维德(Terje Tvedt)所指出的那样,"如果没有水车驱动设备,以冶炼钢铁、制造气缸和其他蒸汽机制作所需的金属部件,那么蒸汽机是无法在工业革命之初就出现的"[1]。

最终,蒸汽机的普及以及煤炭资源和其他化石燃料的使用,确实取代了水力动能在工业进程中的主导地位。蒸汽机车的发明意味着铁路网取代河流和运河,成为货物和人员的主要运输网络。在 19 世纪上半叶,蒸汽机开始参与到工业化的进程中。截至 1839 年,英国的纺织业使用了 2230 辆水车和 3051 辆蒸汽机。[2] 在 1870 年至 1900 年,即工业革命第二阶段,人们又发明了众多重要的技术创新,这些技术创新继续取代了水作为工业动能,并取代了运河和河流作为主要内陆运输网络的作用。[3] 同时,包括电力、内燃机和卫生条件改良技术在内的这些新的技术创新,又促进了 20 世纪最为重要的工业和交通运输业的进步。及至 1970 年,技术创新、工业发展、人口增长和城市化的快速推进,对全球经济发展产生了持久的影响,并促使美国崛起,成为世界第一先进的经济体。

但是在现代经济中,工业革命不仅仅是简单取代了人们以水作为工业动能并依靠水进行内部交通运输的生产方式,也使水资源比人类历史上任何时候都更容易获取和开发。工业革命可能改变了水资源的用途,但也使人们获取、开采和运输淡水资源的成本相比以往更为低廉,这意味着经济发展与水资源使用量之间的基

---

[1] Tvedt(2016),p.35.

[2] Fagan(2011),p.328.

[3] Barbier(2015a);Robert J. Gordon(2016),*The Rise and Fall of American Growth:The U. S. Standard of Living since the Civil War*(《美国经济增长的兴衰:内战以来美国的生活水平》)(Princeton:Princeton University Press).

本联系,呈现出更为正相关性的态势,而不是减少水的使用。正如布莱恩·法根(Brian Fagan)所指出的,"至19世纪中叶,人们用早先时期难以想象到的工业化方式开采、买卖和再分配水资源,使水成了一种工业商品"①。因此,工业革命所提供的技术基础,促进了现代经济中创新、制度和激励措施的发展。这些发展能够帮助人们扩大对水资源的控制和管理,而不是随着经济发展和人口增加而减少对水资源的使用。水与现代经济发展之间的这种联系,会随着全球水资源边界的开发、现代城市水网系统的发展以及水资源的大规模公共供应,而不断得到加强和巩固。

开发全球水资源边界地区

从公元1500年到20世纪初,内陆土地使用、经济发展、贸易和人口迁移都出现了前所未有的全球性扩张。历史学家沃尔特·普雷斯科特·韦伯(Walter Prescott Webb)曾经指出,这一全球经济发展的独特时期的标志是对世界"大边疆"的开发,这些地区包括今天南北美洲温带地区、澳大利亚、新西兰和南非等地。根据韦伯的说法,开发这些地广人稀的地区,对于促成"都市化"进程中所需的"经济繁荣",或对促进现代欧洲的发展来说,都是具有重要作用的:"这种繁荣的进程始于哥伦布第一次大航海归来之时,从那时缓慢开始后就不断加速发展,一直持续到这些边界地区无法再向其供给资源。若假定这些边界地区对欧洲的资源供给结束于1890年或1900年,那么可以说这种繁荣大概持续了四百年。"②

从公元1500年到1900年的这段时间,全球土地和边界地带资

① Fagan(2011),p.329.
② Walter P. Webb(1964),*The Great Frontier*(《伟大边疆》)(Lincoln:University of Nebraska Press),p.13. 又见 William H. McNeill(1982),*The Great Frontier:Freedom and Hierarchy in Modern Times*(《伟大边疆:现代的自由与等级制度》)(Princeton:Princeton University Press);Barbier(2011a),ch.5;Jones(1987)。

源的开发,与工业革命和现代经济的崛起是密不可分的。西欧经济的发展明显得益于这类开发。通过对之前未开发土地和自然资源的不断开发,西欧获得了大量自然财富,其形式包括用于定居的边界土地以及渔业、木材、种植园、矿石、贵金属和其他珍贵的自然资源。人烟稀少的"大边疆"温带地区的新土地,不仅为欧洲和其他地区向外移民以寻找更好经济发展机会的贫困人口提供了一条出路,也为西欧提供了巨额的资源暴利。这些新土地上的资源对欧洲经济体的发展、贸易和工业化起到了重要的促进作用。

拉丁美洲、澳大利亚、新西兰和南非地区的开发,也得益于 19 世纪末 20 世纪初这段时期内全球农业和原材料贸易的繁荣,相应地,这些地区的耕地面积也迅速扩大。[1] 此外,这些"大边疆"地区吸引了大规模的外国投资和来自欧洲的移民。显然,美国成为所有这些新兴经济体中的最大赢家。19 世纪末和 20 世纪初,美国经历了大范围的领土和边界扩张,超过了世界上的任何其他国家或地区对外领土扩张的规模。例如,1870 年至 1910 年间,西欧以外所增加的耕地面积有超过 40% 是位于美国的。[2] 然而,不管是耕地扩张还是农业相关产业发展,都不是美国以惊人的速度崛起为世界工业强国的主要原因。在仅仅半个多世纪的时间内,美国从一个新兴制造业国家转变为世界领先的工业强国,其实力甚至超过英国。[3] 美国经济发展的优势可归因于美国对其所具有的丰富的

---

[1] 见 Barbier(2011a), ch.7; Ronald Findlay and Kevin H. O'Rourke(2007), *Power and Plenty: Trade, War, and the World Economy in the Second Millennium*(《权力与富足:第二个千禧年的贸易、战争与世界经济》)(Princeton: Princeton University Press); W. Arthur Lewis (1978), *Growth and Fluctuations 1870 - 1913*(《增长与波动(1870—1913 年)》)(London: George Allen and Unwin); Jeffrey G. Williamson(2002), "Land, Labor, and Globalization in the Third World 1870 - 1940"(《1870—1940 年间第三世界的土地、劳动力和全球化》), *Journal of Economic History*(《经济史杂志》) 62:1, pp.55 - 85; Jeffrey G. Williamson(2006), *Globalization and the Poor Periphery before 1950*(《1950 年前的全球化与贫穷边缘》)(Cambridge, MA: MIT Press)。

[2] Barbier(2011a), Table 7.5, pp.382 - 3.

[3] 例如,在 1860 年,世界制造业产出中美国仅占 7.2%,但到了 1913 年,其所占份额为 32.0%。相比之下,在 1860 年,英国是世界领先的制造国,其制造业产出占世界总产出的 19.9%,但到 1913 年,其份额下降到 13.6%。参见 Barbier(2011a), Table 7.8, p.391。

能源和矿产资源的开发,这些开发也促进了美国相关资源制造业的出口,特别是钢铁工业、铜制造业和矿物石油精炼工业的出口。

然而,如果关键地区的水资源边界的开发和工业发展没有同时出现,那么这一规模空前的全球边界和土地扩张是不可能发生的。就美国而言,其在 20 世纪崛起为全球经济强国,主要得益于水资源丰富的东部各州和密西西比河沿岸地区的工业和城市化发展,以及其对大西洋和太平洋沿岸海上贸易潜能及密西西比河以西缺水地区经济发展和定居人口领域的开发。① 正如史蒂文·所罗门所指出的,水源丰富的东部各州和密西西比河沿岸地区的开发和发展,对于美国成为世界领先的工业和贸易国来说,是至关重要的,"水资源方面的技术创新,对美国的发展产生了更为重要的推动作用,它使干旱荒凉、原始的西部边疆土地,变成了拥有灌溉农业、采矿业和水力发电工业的财富聚集之地"②。这一西部开发的关键,是在美国西部地区建立起庞大的水坝和水库网络,从而得以从主要河流和水道中获取可用淡水资源,并将这些淡水资源用于西部地区的农业灌溉及城市和工业的发展。而这些大型水坝、管道和导水渠的建造,主要得益于工程技术和混凝土技术的发展。

提高从河流、湖泊和其他地表水中获取、运输和再分配稀缺淡水资源的能力是一种重要创新突破,而同样具有重要意义的是一种新的水资源治理机制的出现,即奉行先占原则来管理水资源。首先拥有或优先占有的概念,是基于此前允许通过灌溉农业、采矿或运输等有益引水用途来获得水权的这一传统而产生的,这一传统可能起源于西班牙殖民地水法和英国普通法。③ 它确保了最先获得某一资源控制权的人,能够先于其他潜在的资源索取者,拥有对该资源的所有权和使用权。这对人烟稀少的边疆地区的政府管

---

① 特别参见 Solomon(2010),ch.11。
② Solomon(2010),p.267.
③ Cech(2010),ch.8.

理部门和大规模的定居者们来说,是一种构建水权和土地所有权的理想方式。随着这些地区的定居者越来越多,人们采用首先占有或优先宣占的规则,来分配可用地表水的所有权。因此,首先占有这一确认属权的方式,在 1650 年至 1900 年期间人们通过"土地热"来改造北美、澳大利亚、新西兰和南非地区的进程中,发挥了极其重要的作用,这一进程反过来又为充足水资源的获取与经济活动的扩张之间联系的加强,奠定了基础。[1]

这种方式在 19 世纪时期的美国西部迅速演变为先占原则,即允许用水者将水从河流或溪流中转运出来并用于非近岸地区的使用。该原则最初被人们用于选取并获得最佳的未开发牧场或农业土地,这些最佳地点都是位于能够首先获取或靠近地表水附近的,这一原则对美国西部各州和地区采矿业、农业和牧业从业者取得收益并获得收益保障来说,是至关重要的。此外,这一原则在法律上确认了基于优先占有的原则来获取使用受益的权利等级,即"先到先得"。第一个有效引水和用水的人享有最高的优先权,即"最高"水权,随后提出用水要求的人享有较低的优先权,即"初级"水权。

现代城市供水系统的发展

工业化也带来了城市和人口的迅速扩张,从而导致人们对用水和卫生设施的需求迅速增加。在 18 世纪至 19 世纪之间,私人公司开始出现,为发展进程中的城市提供饮用水和其他用水供应。例如,至 19 世纪中叶,英国 190 个市政委员会中,只有 10 个能够有效控制其所在城市的水资源供应。[2] 然而,水资源短缺普遍存在,

---

[1] John C. Weaver(2003), *The Great Land Rush and the Making of the Modern World 1650 - 1900*(《1650—1900 年间的土地热与现代世界的形成》)(Montreal:McGill-Queen's University Press).
[2] Fagan(2011), p.325.

水资源供应一直难以满足城市人口不断增长所带来的用水需求。此外,不断扩张的城市化和日渐增加的人口密度,也造成可用水源出现严重的污染问题,并导致霍乱、伤寒等可以通过水源传播的致命疾病,给人们带来了日益严重的威胁。随着欧洲、北美和其他工业化地区城市规模的不断扩大,想要为城市中数量庞大的居民提供充足的清洁水源和卫生设施,也变得越来越难。

幸运的是,在水资源和污水处理方面的科技进步,尤其是饮用水领域中将过滤和氯化相结合的技术,使现代城市供水系统得以发展起来,供水的发展进而又推动了整个城市的持续发展。① 这些技术突破是必要的,因为古代的城市供水系统,包括罗马时期依靠重力作用的引水渠和污水处理网络,以及在此基础上建造的一些城市供水系统,已经无法应对 19 世纪以来全球工业化和城市化的冲击。这些技术创新主要是为了应对世界范围内在人口日益稠密和城市规模不断扩张的进程中,由水源传播疾病的出现而引起的健康危机。例如,在马萨诸州的劳伦斯和德国的汉堡,为了应对城市中所爆发的霍乱和伤寒,当地工程师们开发出了一种改进后的砂石过滤方式来净化饮用水。这种净水方式,因对人们健康产生了有益的促进作用,继而迅速传播到了美国和欧洲的其他城市地区,包括纽约、芝加哥、伦敦和巴黎等主要城市。在 20 世纪早期,氯作为一种低成本且经验证后可使用的消毒剂,成为水源净化的新手段之一,氯的使用也进一步推动了饮用水处理技术的发展和有效进步。及至第二次世界大战之时,使用过滤和氯化的程序进行双重净化,已成为现代城市供水系统的基础净水方式。

总的来说,现代城市供水系统的发展,既是大城市发展、城市人口增长和工业扩张的必要条件,也是这类事物发展后的必然结

① Sedlak(2014).塞德拉克将这场针对城市饮用水的革命称为"水资源 2.0 时代"。

果。更为重要的是,它强化了这样一种现代观念,即大范围的水资源使用和污水处理问题,很大程度上属于工程技术问题。城市越大,人口越多,就必须找到更多的洁净饮水和其他用水供应,并且,由此产生的废水必须更快、更有效地从城市区域排出和加以处理。

公共供水

随着 19 世纪中叶以来城市供水系统的发展,及至工业革命之后,由于水资源使用量的不断增长,也催生了另一种重要现象,即公共供水开始逐渐占据主导地位。工业化、新的工程方法、化石燃料发电、先进的材料和工艺过程,使人们能够以前所未有的规模开发利用可用水资源。人们能够从河流和其他主要地表水中获取大量的水资源,加以转运、存储和再分配,并通过长距离运输将这些水用于灌溉、工业以及不断增加的城市人口。水资源的供应需要庞大的前期投资,并依靠规模经济获得收益,这也就意味着对水资源的处理和分配,以及对由此产生的废弃污水的处理,都是私营公司的融资和管理能力所难以承担的。现代经济中的供水服务也因此迅速成为公共部门的专属职责。

工业化后不久,公共部门就对水资源的供应产生越来越重要的影响。从 19 世纪初开始,在大英帝国内,议会赋予运河公司、市政公司和水务公司一定的国家权力,从而使整个供水系统能够获得恰当的土地和水源,并保护供水系统不受污染及不被改作他用。[1] 随着城市化和工业需求的增加,国家加大了干预力度,为私人投资者用于供水领域的资金提供法律保护,为公共供水和水务服务提供政府保障,并且对那些逐渐合并成大型垄断企业的私营

---

[1] Getzler(2004), pp. 350 − 1.

供水公司,就其供水价格和回报率进行监管。最终,也正如前文所述,城市人口规模越来越庞大,即使是大型垄断企业也难以提供数量充足的洁净水和卫生设施,因此,公共部门开始越来越多地参与到现代经济体的供水过程之中。

同样,尤其在美国西部各州的缺水地区,为了满足经济快速增长的需求而建造的巨型水坝和水资源分配系统,也日益属于政府的公共工程范畴。这包括沿科罗拉多河(Colorado River)和哥伦比亚河(Columbia River)所建的大规模灌溉项目和数量众多的输水管网。此外,随着美国各地人口数量的增加,新兴定居点和城镇居民越来越多地要求联邦政府能够协助他们开展大规模防洪项目,包括在密西西比河和俄亥俄河上开发大型项目。还有一个重要的推动力是人们对大型水坝水力发电需求的日益增加,尤其19世纪末20世纪初美国的西部地区对此类电力的需求迅速上升。① 最后,向外扩张和控制航运就一直成为联邦政府的职责,因此,这种传统也是后来公共投资介入水资源控制和分配的一个重要原因。到了20世纪初,联邦政府开始主要负责在全美各地修建具备多种功用(包括河流通航、发电、灌溉、防洪和市政用水供应)的大型水坝。

这些举措为接下来20世纪的大发展奠定了基础,得益于对更多水资源的控制和利用,人类迎来了经济、人口和城市规模的空前扩张的新时期。

我们在下一章中也会看到,人类的这些发展趋势一直延续到了今天。随着工业化在全球范围内不断扩张,美国不仅成为世界上占主导地位的经济体,还成为其他经济体发展的榜样。因此,许多国家也采用了美国的水资源管理方式。其结果就是今天的"水

① 关于美国大型联邦大坝的开发的全面历史,见 David P. Billington, Donald C. Jackson and Martin V. Melosi(2005), *The History of Large Federal Dams: Planning, Design, and Construction*(《大型联邦大坝的历史:规划、设计和建造》))(Denver: U. S. Department of Interior, Bureau of Reclamation), available at https://www.usbr.gov/history/History of Large Dams/LargeFederalDams.pdf(accessed June 12, 2018)。

悖论":当下各经济体所使用的制度、激励措施和技术创新都是为了扩大我们对水资源的管控。随着经济体的发展和人口的不断增长,人们的用水量无法降低,水资源会变得越来越稀缺。

第三章

水资源在当代：走向全球危机？

　　正如我们在上一章所看到的，当今水悖论的根源在于我们数个世纪以来管理水资源的方式。我们目前的水治理机制和技术创新很大程度上是过去时期遗留下来的，当时的发展是建立在发现和开采更多水资源的基础之上的。纵观人类历史，经济进步总是与人们增强对水资源分配、控制和使用有着密切关系。19 世纪以来，工业化在全球范围内的扩张又进一步巩固了这种关系。因此，当今各经济体中的制度、激励措施和技术创新，也都是为了发现并开采更多的淡水资源。其结果就是全球性的水危机，这场危机主要是水资源管理不足和不善的危机。

　　本章着重探讨 20 世纪初至今这段时期内，水在现代经济中的用途。在这段我们称为**现代**的时期内，美国成为世界经济发展的楷模，随后许多国家也效仿采用了美国水资源的管理方法。因此，现代美国和其他经济体水资源管理方式演变的进程，为如今"水悖论"的形成奠定了基础。

　　我们将首先探讨现代水资源使用的一些主要趋势。这些趋势包括：随着人口和经济的增长，水资源的使用量也在增加；农业仍旧在水资源的使用上占据主导地位；贸易、城市化和工业化方面的水资源需求也在不断上升。

人口和水资源

　　全球水资源日益紧缺的一个原因是现代人口的指数级增长。图 3.1 显示了从 1900 年至今全球总人口和水资源总开采量的增长情况，并对 2050 年前可能出现的趋势进行了预测。

　　总的来说，随着现代世界人口的增长，水资源使用量显著增加。这一趋势在二战后尤为明显。在 1900 年，世界人口刚刚超过 16 亿，每年的水资源开采约为 5800 亿立方米。到 1950 年，世界人口超过了 25 亿，全球年用水量约为 1.4 万亿立方米。2010 年，世界人口接近 70 亿，水资源开采量达到了每年 3 万亿立方米。2050 年，世界人口将突破 90 亿，届时水资源的开采量将达到 4.3 万亿立方米。

　　从图 3.1 还可以看到，自 1970 年以来，水资源开采量的增长速度并没有跟上世界人口的增长速度。这种趋势估计仍将持续下去。最终，全球人均用水量将慢慢趋于稳定，预计到 2050 年将保持在人均年用水量 400 立方米的水平。然而，当下的个人用水量仍高于 20 世纪初的水平，当时人均年用水量约为 350 立方米。人们也尝试减少人均年用水量的增加，实际却没能阻止这一上涨的趋势。

　　因此，历史发展到现在所带来的最为严重的后果是人均年用水量已经达到全球历史上的最高水平。随着全球人口的不断增长，人们需要关注的一个关键问题是全球还能否继续使用越来越多的淡水资源。到 2050 年，人类水资源开采量可能会达到每年 4.3 万亿立方米。到 21 世纪末，在世界人口将接近 100 亿或 110 亿的情况下，年度 4.3 万亿立方米的这一水资源开采量是将一直保持还是继续扩大？

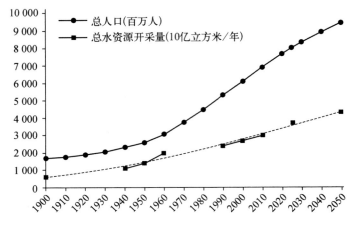

图 3.1　1900—2050 年全球人口和水资源开采量

资料来源：1900—1940 年全球总人口数据，来自 Max Roser and Esteban Ortiz-Ospina（2018），"World Population Growth"（"世界人口增长"），published online at OurWorldInData. org. Available at https：//ourworldindata. org/world-population-growth（accessed July 10，2018）。

1950—2050 年全球总人口数据，来自 U. S. Census Bureau（美国人口普查局），International Database. Available at https：//www. census. gov/data-tools/demo/idb/informationGateway. php（accessed July 10，2018）。

1900—1960 年全球水资源总开采量数据，来自 Igor A. Shiklomanov and Jeanna A. Balonisnikova（2003），"World Water Use and Water Availability：Trends，Scenarios，Consequences"（《世界水资源使用与水资源可利用性：趋势、可能出现的情形和后果》），in *Water Resources Systems：Hydrological Risk，Management and Development*（《水资源系统：水文风险、管理与发展》），IAHS Symposium Proceedings, pp. 358 – 64。

1990—2010 年全球水资源总开采量数据，来自 AQUASTAT Main Database, Food and Agriculture Organization of the United Nations（FAO，联合国粮食及农业组织），http：//www. fao. org/nr/water/aquastat/data/query/index. html？lang = en（accessed June 12，2018）。

2025、2050 年全球水资源总开采量（最可信）预测数据，来自 Upali A. Amarasinghe and Vladimir Smakhtin（2014），*Global Water Demand Projections：Past，Present and Future*（《全球水资源需求预测：过去、现在和未来》）（Colombo，Sri Lanka：International Water Management Institute）。

经济和水

全球平均用水量趋势可能会存在偏差，因为各国的人均用水量存在很大的差异。在现代,工业化和经济财富在全球范围内扩张,人们的水资源使用量也随之增长。部分国家随着城市化进程的推进、经济发展以及越来越富裕,与较为贫穷、更为农业化且欠发展的国家相比往往会需要使用更多的水资源。

表 3.1 比较了 24 个国家的用水情况,这些国家包括高收入经济体、新兴市场经济体和发展中经济体。表中有 8 个富裕国家的人均年收入略高于 4.6 万美元。新兴市场经济体人口众多且仍在不断增长,人均年收入约为 7300 美元。8 个发展中国家主要是低收入和中低收入农业国,人均年收入接近 1200 美元。

将所有 24 个国家放在一起所计算出的年人均用水量为近 500 立方米。然而,这些国家之间存在很大的差异。从一个极端例子来说,美国的年人均用水量超过 1500 立方米,而乌干达的年人均用水量则不足 20 立方米。随着国家变得更加富裕,人均用水量似乎也会急剧上升。例如,表 3.1 所列 8 个发展中国家的年人均水资源开采量为 100 多立方米,但 8 个富裕国家的年人均水资源开采量则超过了 750 立方米。新兴市场经济体的用水量正迅速赶上高收入国家。表中所列 8 个处于工业化进程中的经济体,年人均用水量为 600 立方米以上,其中巴基斯坦年人均用水量超过了 1000 立方米。

由于世界上绝大多数国家是发展中国家,人们需要关注的一个关键问题是,随着这些发展中国家工业化和城市化的发展,其用水量也开始向富裕国家看齐,全球范围内是否有充足的淡水资源来供应并满足这些国家日益增长的用水需求。

然而,与较贫穷的国家相比,较富裕国家在使用水资源以获得的生产价值方面,也体现出了更高的水资源生产效率。如图 3.2 所示,在过去的 40 年里,全世界每立方米淡水开采所能产生的国内生产总值(GDP)从大约 3 美元增加到了 18 美元。

表 3.1　部分国家的人均水资源开采量

国家	年份	总人均开采水量 （立方米/人/年）	2016 年人均 GDP （按 2010 年不变美元计算）
高收入国家			
美国	2010	1543	$ 52195
加拿大	2009	1113	$ 50232
意大利	2008	900	$ 34284
澳大利亚	2013	824	$ 55671
日本	2009	641	$ 47608
法国	2012	476	$ 42013
德国	2010	411	$ 45552
英国	2012	129	$ 41603
平均		754	$ 46145
新兴市场经济体			
巴基斯坦	2008	1034	$ 1182
菲律宾	2009	849	$ 2753
墨西哥	2011	658	$ 9707
印度	2010	602	$ 1861
土耳其	2008	561	$ 14071
中国	2013	432	$ 6894
俄罗斯	2013	425	$ 11099
巴西	2010	370	$ 10826
平均		616	$ 7299
发展中国家			
孟加拉国	2008	231	$ 1030
玻利维亚	2009	141	$ 2458
海地	2009	141	$ 729
埃塞俄比亚	2016	106	$ 511
肯尼亚	2010	76	$ 1143
尼日利亚	2010	74	$ 2458
莫桑比克	2015	53	$ 515
乌干达	2008	18	$ 662
平均		113	$ 1188
总平均		495	$ 18211

资料来源：AQUASTAT Main Database, Food and Agriculture Organization of the United Nations（FAO）, http://www. fao. org/nr/water/aquastat/data/query/index. html? lang = en；"World Development Indicators"（"世界发展指标"）, World Bank（世界银行）, http:// databank. worldbank. org/data/reports. aspx? source = world-development-indicators（both accessed June 12, 2018）。

但是，高收入国家每消耗 1 立方米的水资源能够产生近 50 美元的经济效益，而发展中国家每消耗 1 立方米水资源却只能产生不到 10 美元的经济效益。人们还需要注意的一个重要问题是，在 21 世纪，全球水资源的生产力并没有出现显著提高，而且似乎长期保持在每开采 1 立方米淡水产生 20 美元经济效益的水平上。

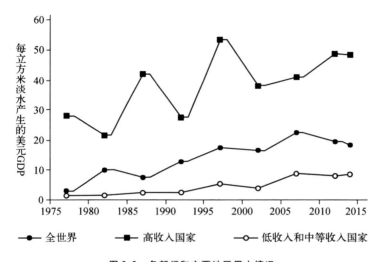

图 3.2　各部门和主要地区用水情况

资料来源："World Development Indicators"（"世界发展指标"），World Bank，http：//databank. worldbank. org/data/reports. aspx？ source = world-development-indicators（accessed June 12，2018）。GDP 按 2010 年不变美元计算。

农业和水

全球范围内，目前水资源的使用仍主要集中在农业领域（见图 3.3）。农业用水量占全球淡水开采量的 70% 左右，对于低收入国家来说甚至能够占到全国用水量的 81%。[①] 亚洲的水资源使用量占全世界近三分之二，其中亚洲水资源的 80% 用于农业领域。在

①　FAO（2012），*Coping with Water Scarcity：An Action Framework for Agriculture and Food Security*（《应对水资源短缺：农业和粮食安全行动框架》）（Rome：FAO）.

以中低收入（或发展中）国家为主的非洲地区，农业用水量也占总淡水开采量的80%左右。

　　农业仍旧是水资源主要使用领域，其原因在于世界上绝大多数国家仍是发展中国家。对于这些经济体来说，农业仍旧对国家发展、就业和粮食安全方面有着重要的促进作用。因此，农作物灌溉、牲畜养殖和水产养殖领域的用水需求仍旧很高，并且仍在增长。灌溉仍是一种非常重要的用水方式。全球20%的耕地需要灌溉，并且全球40%的农产品依靠灌溉进行生产。预计全球总灌溉土地面积还会进一步增加，将从2000年的4.21亿公顷增加到2050年的4.73亿公顷。农业灌溉用地的这种扩张，对于养活更多的人口和动物来说是必要的。例如，2000—2050年间，灌溉用地的增加可能贡献53%的谷物产量增加量。这些额外增加的粮食产量将大部分用于生产动物饲料，以满足人们（尤其亚洲地区）对畜牧业产品日益增长的需求。随着居民收入的增加和饮食结构的改变，人们对其他水资源密集型农作物的需求量也可能会大幅度上升，如甘蔗、园艺作物、水果和坚果作物等。[1]

　　在欧洲和美洲，工业和城市市政的用水量，是大于农业用水量的（见图3.3）。[2] 这是因为这些地区是由经济发达的富裕国家组成的，农业在这些经济体中的重要性已大大降低。尽管如此，即便在这些地区，水资源的开采量仍旧很高。例如，在美洲，农业用水占水资源用量的50%，在欧洲，这一比例大概是25%。

---

[1] Rosegrant et al. (2009).

[2] 图3.3所示的各部门用水情况是基于联合国粮食及农业组织（FAO）的AQUASTAT主数据库。粮农组织在对用水的部门分类中，将"城市用水"定义为主要供居民直接使用的年取水量，通常按照公共配水管网中的总取水量来计算，即公共供水总用水量。"市政用水"有时可与"生活用水"互换使用，但后者侧重于更具体的居民/家庭用水需求（饮用水、烹饪、清洁、卫生），而前者则包括所有与公共配水网相关的用水（家庭、商店、服务、部分城市工业、部分城市农业等）。相比之下，粮农组织将"工业用水"区分为每年为工业用途所抽取的自备供水量，"农业用水"指每年为灌溉、牲畜和水产养殖业所提取的自备供水量。

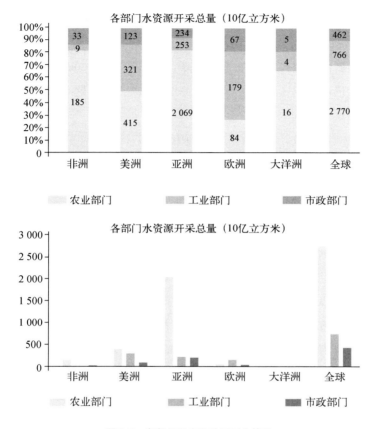

图 3.3　各部门和主要地区用水情况

资料来源:AQUASTAT Main Database, Food and Agriculture Organization of the United Nations(FAO), http://www. fao. org/nr/water/aquastat/data/ query/index. html? lang = en (accessed June 12, 2018)。

即使是世界上最富裕的国家美国,也仍将大量的淡水资源用于农业。最大的用水需求来自发电、蒸汽涡轮机运行和释冷方面,用水量占美国每年总开采水量的45%左右。灌溉农业用水则是美国第二大用水领域,占每年总开采水量的33%左右。其余22%的水资源开采则主要用于公共供应(即市政方面)和工业用途。①

———————————

① Molly A. Maupin, Joan F. Kenny, Susan S. Hutson, John K. Lovelace, Nancy L. Barber and Kristin S. Linsey(2014), *Estimated Use of Water in the United States in 2010*(《2010 年美国水资源的估算使用情况》)(Washington, DC: U. S. Department of Interior/U. S. Geological Survey)。

此外,美国的灌溉用水量从每天 3.4 亿立方米稳步上升到了 1980 年达到峰值水平的每天 5.7 亿立方米。最近几十年来,美国用于灌溉的水资源开采量有所下降,但幅度不大。2005 年,美国平均每天仍需约 5.1 亿立方米水资源用于农业灌溉,这与 20 世纪 70 年代的用水量大致相同。[①]

然而,美国的平均灌溉用水量的数据是具有误导性的。以加利福尼亚州为例,该州是美国食品和农产品出口最多的州。例如,2012 年加州的农产品出口额超过 180 亿美元,约占美国出口总额的 13%。加州具有 250 亿美元的农业产值,其蔬菜产量占美国蔬菜生产总量的三分之一,水果和坚果产量占近三分之二;同时,加州所有这些农产品的出口量占到美国出口总量的五分之三。此外,美国几乎所有的杏仁、橄榄、西兰花和芹菜都产自加州。[②]

加利福尼亚州大规模的农业生产和出口,是建立在高度依赖淡水资源的基础上的。由于还有庞大的城市人口、工业发展和发电用水需求,加州也需要将大量的水资源用于这些农业之外的用水需求上。但是加州大约 80% 的淡水资源仍是用于农业,这种用水模式使加州更类似于发展中经济体,而不像是美国最繁荣的州之一。

鉴于全球农业的发展仍旧依赖于能否开发出新的水资源,人们越来越担心未来没有足够的水资源以满足粮食生产的需要。一方面,人口增长、气候和水文条件变化的加速以及人们粮食偏好的改变,可能会加剧水资源的短缺,也会对数以百万计的人口特别是发展中国家的人口产生潜在影响。另一方面,自第二次世界大战以来,农业生产力和生产技术的显著提升,降低了粮食生产的耗水量,提高了产量,也提高了农业用地的粮食生产潜力。那么未来究

---

① Melissa S. Kearney, Benjamin H. Harris, Elisa Jácome and Gregory Nantz (2014), *In Times of Drought: Nine Economic Facts about Water in the United States*(《干旱时期:关于美国水资源的 9 个经济事实》)(Washington, DC: Hamilton Project, Brookings Institution).

② Kearney et al. (2014).

竟是水资源短缺开始影响我们的粮食安全,还是人们通过农业的改善突破了水资源短缺这一限制呢?

为了回答这个问题,米纳·波尔卡(Miina Porkka)和同事们研究了全球和特定地区水资源可供应量的潜在影响,并指出能保障普通居民粮食安全的最低膳食标准是每天 3000 卡路里的食物供应,其中包含至少 20% 的动物产品。[①] 他们是根据 1905 年至 2005 年这 100 年间的历史分析得出的。

农业领域的技术进步已使产出等量的粮食只需一个世纪前一半的耗水量,尽管如此,水资源短缺作为粮食安全的一个潜在限制因素的危险性仍在上升。1905 年,有 3.6 亿人生活在水资源受限制的粮食产区,占当时世界人口的 21%。到 2005 年,这一数字增加到了 22 亿——超过了全球三分之一的人口数。在南亚,四分之三的人口受到粮食生产缺水的影响,在中东这一比例为 42%,非洲为接近 40%,东亚为 35%。

预测未来的农业用水需求并不是一件容易的事,因为这将取决于净灌溉面积、水资源密集型作物的灌溉面积、灌溉用水使用效率和作物产量。[②] 如果发展中国家基于增加水资源使用量以继续扩大农业生产,同时富裕国家的农业(如加州的农业),仍旧主要依赖于淡水资源的使用,那么全球在灌溉作物、牲畜和水产养殖方面的水资源需求将会持续增加。

此外,开发新的水资源而导致的费用增加、地下水的枯竭、水资源污染的增加、淡水生态系统的恶化这些挑战可能会加剧农业领域水资源稀缺的状况。[③] 快速增长的非农业用水需求、人们不断

---

① Miina Porkka, Dieter Gerten, Sibyll Schaphoff, Stefan Siebert and MattiKummu(2016),"Causes and Trends of Water Scarcity in Food Production"(《粮食生产中水资源短缺的原因及发展趋势》),*Environmental Research Letters*(《环境研究简报》)11:1, 015001.

② Upali A. Amarasinghe and Vladimir Smakhtin(2014),*Global Water Demand Projections:Past,Present and Future*(《全球水资源需求预测:过去、现在和未来》)(Colombo, Sri Lanka:International Water Management Institute), pp. 15 – 19.

③ Rosegrant et al. (2009). 又见 Barbier(2015b)。

变化的食物偏好、全球气候变化和对生物燃料生产的新需求,也将
会加剧水资源的短缺。鉴于这些竞争性的用水需求和挑战,许多
专家得出了以下这样结论:"日益增长的水资源短缺将制约粮食生
产的增长,最终对粮食安全和人类健康造成不利影响。"[1]

贸易和水资源

　　要想实现用更少的土地和水资源生产更多粮食的目标,一个
可选的方法是增加国家之间的农业贸易。正如一些专家所指出
的,这可能是一种"双赢"的策略:既可以缓解水资源的短缺,也可
以提高粮食安全水平。[2] 当一个水资源丰富且农业生产率高的地
区与一个水资源供应较少且农业生产率低的地区进行贸易的时
候,后者既节约了更多的水资源,也获得了更多的食物。也就是
说,如果农业出口国比进口国能更有效地利用水资源,那么全球将
能够达到节水的状态。如果农产品进口国家或地区将农业用水分
配到效率和生产率更高的用途上,如工业和城市使用,那么全球将
进一步节约水资源。

　　总的来说,有证据显示,在过去 20 年中,与全球贸易相关的水

[1] Rosegrant et al. (2009), p.217.

[2] 例如参见 J. A. Allan(2003), "Virtual Water: The Water, Food, and Trade Nexus—Useful Concept or Misleading Metaphor?"(《虚拟水:水、食物和贸易间联系——有用的概念还是误导性的隐喻?》), *Water International*(《国际水资源》) 28:1, pp.106 – 13; Peter Debaere(2014), "The Global Economics of Water: Is Water a Source of Comparative Advantage?"(《全球水资源经济学:水资源是比较优势的来源吗?》), *American Economic Journal: Applied Economics*(《美国经济杂志:应用经济学》) 6:2, pp.32 – 48; Andrea Fracasso(2014), "A Gravity Model of Virtual Water Trade"(《虚拟水交易的引力模型》), *Ecological Economics*(《生态经济学》) 108, pp.215 – 28; Arjen Y. Hoekstra and Ashok K. Chapagain(2008), *Globalization of Water: Sharing the Planet's Freshwater Resources*《水资源的全球化:共享地球淡水资源》(Oxford: Blackwell); Graham K. MacDonald, Kate A. Bruaman, Shipeng Sun, Kimberly M. Carlson, Emily S. Cassidy, et al. (2015), "Rethinking Agricultural Trade Relationships in an Era of Globalization"(《全球化时代农业贸易关系的再思考》), *BioScience*(《生物科学》) 65:3, pp.275 – 89; Jeffrey J. Reimer(2012), "On the Economics of Virtual Water Trade"(《与虚拟水交易相关的经济学》), *Ecological Economics*(《生态经济学》) 75, pp.135 – 9; Rosegrant et al. (2009); H. H. J. Savenije, A. Y. Hoekstra and P. van der Zaag (2014), "Evolving Water Science in the Anthropocene"(《人类世水资源科学的发展》), *Hydrology and Earth System Sciences*(《水文与地球系统科学》) 18:1, pp.319 – 32.

资源量翻了一倍。[1] 并且，水资源丰富的国家往往倾向于出口更多的水资源密集型产品，而水资源不充足的国家往往出口水资源消耗非密集型的产品。[2] 因此，不断扩大的国际粮食贸易可能使全世界更有效地使用水资源，并能更好地保护水资源。对于中东和北非这些缺水地区来说，这种贸易具有非常重要的影响，因为这些国家可以进口水资源密集型商品以供消费，否则就会受到水资源短缺限制的影响。例如，通过粮食贸易，约旦每年相当于进口了 50 亿至 70 亿立方米的水，而其国内每年可用于农业的水资源约为 10 亿立方米。[3]

但也有人对水和粮食的贸易增长表示担心。

贸易增长的一个问题是，一些地区和国家尽管用水效率较低，但可能仍旧在发展水资源密集型产品的出口。这种行为的低效率是显而易见的，以至于可以说贸易实际上加剧了水资源短缺，而不是缓解了水资源短缺。澳大利亚和美国似乎存在这种情况，在这些国家，水资源密集型商品的出口可能会造成一些地区水资源短缺和匮乏问题的出现。[4] 例如，印度尼西亚、新西兰、巴布亚新几内亚这些国家，以进口小麦、棉花、牲畜和肉类以及熟食的形式，从澳大利亚缺水地区进口了大量的水资源。美国通过与加拿大和墨西哥之间的农业贸易，将本国水资源经常性短缺地区（如加州和其他西部各州）的水资源出口到了其他国家。

一个令人不安的趋势是，越来越多的缺水的发展中国家通过

① Carole Dalin, Megan Konar, Naota Hanasaki, Andrea Rinaldo and Ignacio Rodriguez-Iturbe (2012)，"Evolution of the Global Virtual Water Trade Network"（《全球虚拟水贸易网络的演变》），*Proceedings of the National Academy of Sciences*（《美国国家科学院院刊》）109:16, pp. 5989 – 94.

② Dalin et al. (2012); Debaere (2014); Arjen Y. Hoekstra (2010)，"The Relation between International Trade and Freshwater Scarcity"（《国际贸易与淡水资源短缺间的关系》），Staff Working Paper ERSD-2010-05, World Trade Organization, January; MacDonald et al. (2015).

③ Hoekstra (2010). 又见 Allan (2003)，他长期以来一直认为中东国家进口水资源密集型商品有助于缓解该地区的水资源短缺。

④ Hoekstra (2010); Manfred Lenzen, Daniel Moran, Anik Bhaduri, Keiichiro Kanemoto, Maksud Bekchanov, et al. (2013)，"International Trade of Scarce Water"（《稀缺水资源的国际贸易》），*Ecological Economics*（《生态经济学》）94, pp. 78 – 85.

农业和其他贸易的方式,成为水资源的主要出口国。[1] 印度、巴基斯坦和中国是全球最大的稀缺水资源的出口国。前十大稀缺水资源出口国还包括叙利亚、泰国、埃及和摩洛哥。例如,埃及通过出口棉花和棉花产品、蔬菜和水果的形式,向沙特、日本、美国、德国和意大利出口其本就稀缺的水资源。

正如许多学者所观察到的那样,问题不在于贸易本身,而在于政策的扭曲和管理不善。正是不当的政策和管理,才导致越来越多的水资源密集型商品从缺水的地区和国家出口。[2] 也就是说,贸易具有提高用水效率和缓解水资源短缺的潜力,但当今全球水资源领域的政策环境反而在日益鼓励加剧水资源短缺的贸易模式。正如一位学者所言,"这种政策环境形成于水价是常常受到管制的、能够得到补贴且是被扭曲的。这种政策会倾向于鼓励水资源的浪费使用"[3]。只要水资源的价值继续以这种方式**被低估**,那么,水资源密集型商品的出口,将继续越来越多地来自水资源供给方面本就处于相对劣势的国家和地区。

粮食贸易日益增长的另一个问题是其对消耗性地下水供应的依赖。全球大约有11%的不可再生性地下水被用于农业灌溉,最后又以国际粮食贸易的形式进行出口转移,其中有三分之二是由巴基斯坦、美国和印度向国际出口的。[4] 全球地下水消耗量在10年内增加了22%,从2000年的每年240立方千米增加到2010年的每年292立方千米。在同一时期,全球依靠地下水消耗灌溉产出农作物用于粮食交易,其中地下水消耗量从每年17.7立方千米增加到25.6立方千米,增长了45%。这些趋势表明,全球粮食贸

[1] Lenzen et al. (2013).

[2] Dalin et al. (2012); Debaere(2014); Hoekstra(2010); Hoekstra and Chapagain(2008); MacDonald et al. (2015).

[3] Debaere(2014), p. 42.

[4] Carole Dalin, Yoshihide Wada, Thomas Kastner and Michael J. Puma(2017) "Groundwater Depletion Embedded in International Food Trade"(《国际粮食贸易背后的地下水枯竭问题》), *Nature*(《自然》) 543, pp. 700 - 5.

易依赖于地下水消耗的状况可能在不久的将来还会持续下去。一方面,地下水消耗正越来越集中于世界上农业作物种植最多的几个地区,如印度、巴基斯坦、中国、美国、墨西哥、中东以及北非地区。另一方面,全球各国越来越多的人口依赖从消耗地下水生产农作物的地区进口粮食。

城市化和水资源

自 1900 年以来,全球城市和人口出现了前所未有的增长。1800 年,世界上只有 3% 的人口居住在城市地区。到了 1900 年,这一比例上升到了 14%,尽管当时全世界只有 12 个具有 100 万人口以上规模的城市。到 1950 年,有 30% 的世界人口生活在城市地区,人口超过 100 万的城市已经增加到了 83 个。[①]

自 1950 年以来,世界城市人口增长的速度加快,城市人口从 7.46 亿增加到了 2014 年的 39 亿。2008 年,人类历史上首次出现城市人口数量超过农村的现象。及至今天,世界上有 54% 的人口居住在城市。预计到 2050 年,城市人口将增至 54 亿,约占世界总人口的三分之二。近 90% 的城市人口增长可能将来自亚洲和非洲地区。事实上,2014—2050 年间,印度、中国和尼日利亚三国的城市人口增长量,将占世界城市人口总增长量的三分之一以上。印度城市人口预计增加 4.04 亿,中国预计将增加 2.92 亿,尼日利亚预计将增加 2.12 亿。[②]

城市规模也变得越来越大。2014 年,全球有 488 个城市的人

① Population Reference Bureau (2009), " Urbanization "(《城市化》), in *Human Population : Lesson Plans*(《人口:课程计划》), http://www. prb. org/Publications/Lesson-Plans/HumanPopulation/ Urbanization. aspx(accessed June 13, 2018).
② UN DESA(联合国经济和社会事务部)(2014), " 2014 Revision of World Urbanization Prospects" (《世界城镇化展望(2014 年修订版)》),https://esa. un. org/unpd/wup/Publications/(accessed July 17, 2018).

口规模超过 100 万,其中 43 个人口规模超过 500 万,28 个人口规模超过 1000 万。到 2030 年,预计将有 662 个人口规模超过 100 万的城市,其中 63 个人口规模超过 500 万,41 个人口规模超过 1000 万。[①]

城市区域和人口的迅速扩张,给现有的可用淡水资源造成了巨大压力。同时,随着城市规模和人口的增长,市政供水所需的用水量也在增加。这种用水需求的增长不仅是由于城市人口增加,而且是由于大型公共的市政供水系统规模不断扩大,能够向这些城市地区和居民输送越来越多的水资源。此外,城市化以及市政供水的增加,也提高了人均用水量,尤其是市政供水促进了现代家用电器的使用,如配置了自来水的卫生间、洗浴设施、洗衣机和洗碗机等。例如,从 1995 年到 2010 年,全球城市的年人均用水量增加了 44%,从 54 立方米增加到 78 立方米。到 2025 年,城市年人均用水量将达到 102 立方米。[②]

为了满足这类日益增长的用水需求,大多数城市都建造了大量公共基础设施和供水系统,经常能够远距离开发利用大量的淡水资源。今天,全球五分之四的大城市居民是从水库、湖泊、河流和其他地表淡水中获取水源的,这些水源地的位置也距城市越来越远。平均而言,每天转运到大城市中的地表水超过 5000 亿公升,可用于近 30000 千米距离范围内的供水。大城市的其余居民(仅不到 20%)绝大部分依赖于地下水供水,仅有少数居民(2%)依赖于海水淡化。在全球范围内,大城市的供水基础设施大概每天为城市提供 6.68 亿公升的水,尽管这些城市仅占地球表面陆地

① UN DESA(联合国经济和社会事务部)(2014),"2014 Revision of World Urbanization Prospects"(《世界城镇化展望(2014 年修订版)》),https://esa.un.org/unpd/wup/Publications/(accessed July 17, 2018)。

② Upali A. Amarasinghe and Vladimir Smakhtin (2014), *Global Water Demand Projections: Past, Present and Future*(《全球水资源需求预测:过去、现在和未来》)(Colombo, Sri Lanka: International Water Management Institute), p.12。

面积的 1%,却使用了覆盖整个地球表面陆地面积 41% 的水资源。①

一个令人担忧的趋势是,面临水资源紧张的大城市越来越多。表 3.2 显示,目前处于水资源紧张状态的 20 个最大城市的总人口大概是 3 亿。其中有 6 个城市在中国,5 个城市在印度,还有几个在其他发展中国家。正如我们在前文所看到的,城市化和大城市兴起,正以非常快的速度在中等和低收入水平经济体中推进,未来几十年,中国和印度预计将是城市数量增长最多的国家。此外,5个主要的水资源紧张城市极度严重依赖于跨流域调水,即从某个河流流域向另一个地区的调水。东京、卡拉奇、洛杉矶、天津和金奈这 5 个城市,目前每天大约需要从其他流域运输 170 亿公升的水,以供其城市人口的使用。其他 7 个大城市每天也需要 650 亿公升的跨流域调水。在全球范围内,大城市中大约有四分之一的人口(即接近 4 亿人)的水资源供应已经出现紧张。②

随着现代进程中城市和城市人口的增长,人们也面临着另一个问题:如何处理城市扩大和人口增长所产生的大量污水,并防止城市周边的湖泊、河流、溪流和其他水体出现的水量减少和水污染现象?这也催生了一项重要的技术创新,即能够大规模处理人类废水的现代污水处理技术。③ 该系统的实质是:第一,开发有效的城市工业和家庭废水的处理方式;第二,设计管网和排水网络,将大量经处理后的水安全排放到周围环境中。此外,整个系统的设计必须能应对一个长期存在的问题,即处理大雨时剧增的排水量,因为大雨时的水量往往会比少雨或不下雨的时候高出

① Robert I. McDonald, Katherine Weber, Julie Padowski, Martina Flörke, Christ of Schneider, et al. (2014),"Water on an Urban Planet: Urbanization and the Reach of Urban Water Infrastructure"(《都市星球上的水资源:城市化和城市水基础设施的覆盖范围》), *Global Environmental Change*(《全球环境变化》) 27, pp.96 - 105.这项研究以城市人口规模超过 75 万人的城市群为样本,聚焦于其水资源利用情况。
② McDonald et al. (2014).
③ Sedlak(2014).塞德拉克将这场经水传播的污水处理革命称为"水资源 3.0 时代"。

表 3.2　面临水资源紧张的 20 个大城市

城市	2010 年人口(千人)	水资源	跨流域输水(百万公升/天)
东京(日本)	36933	地表水	2170
德里(印度)	21935	地表水,地下水	
墨西哥城(墨西哥)	20142	地表水,地下水	
上海(中国)	19554	地表水,地下水	
北京(中国)	15000	地表水,地下水	
加尔各答(印度)	14283	地表水,地下水	
卡拉奇(巴基斯坦)	13500	地表水,地下水	2529
洛杉矶(美国)	13223	地表水,地下水	8895
里约热内卢(巴西)	11867	地表水	
莫斯科(俄罗斯)	11472	地表水,地下水	
伊斯坦布尔(土耳其)	10953	地表水,地下水	
深圳(中国)	10222	地表水	
重庆(中国)	9732	地表水,地下水	
利马(秘鲁)	8950	地表水,地下水	
伦敦(英国)	8932	地表水,地下水	
武汉(中国)	8904	地表水	
天津(中国)	8535	地表水,地下水	2179
金奈(印度)	8523	地表水,地下水	1130
班加罗尔(印度)	8275	地表水,地下水	
海得拉巴(印度)	7578	地表水,地下水	
总计	**268504**		**16903**

资料来源:McDonald et al. (2014)。

10 至 20 倍。最初,人们所采取的方式是开发一种联合性质的下水道系统,即将雨水和污水一齐输送到污水处理厂,并且只有在水量超过排水系统的承载能力的时候,才会把这些混合后的废水排放到地表水中。然而,近期,人们开始倾向于将污水的排放和处理与雨水的处理分开。在美国,东北部和五大湖地区的老工业区和城区主导的排水系统仍然是合流形式的下水道系统,大约有 4000 万城市居民仍依赖于合流形式的下水道系统进行排水。①

———————

① Sedlak(2014), pp.118 - 9.

现代"水利建设任务"

因此，总的来说，通过找到并控制新的淡水供应资源，设法满足每一种新出现的用水需求，已经成为当今时代发展的特点——无论这些需求是用于农业、工业还是市政领域，抑或是用于国内粮食生产或扩大对其他国家出口方面。这些都是现代以来的"水利建设任务"。并且，始于18世纪末的工业革命及其带来的巨大技术进步、经济财富和能源资源，也因这些水利建设的保障而成为可能。从19世纪开始，工业化在全球范围内的蔓延，进一步强化了经济增长和占用、控制、使用更多水资源之间的关系。因此，在当下各经济体中，水资源使用的管理及其相伴随的技术创新、制度和激励措施，都被以发现和开采更多的淡水资源为目的的"水利建设任务"主导了。[1]

因此，现代经济中水资源的开发，既与能源的利用有关，也与通过投资大规模的工程项目（如水坝、泵站、管道、改道等）来提高供水能力有关。[2] 然而，正如前一章所讨论的，现代几乎所有的取水机制都是从历史上水资源较宽裕时期的取水制度中发展而来的，而且这些历史时期很少经历过新用水技术的迅猛发展。[3]

其结果就是当下的水资源仍然主要用于农业生产，正如我们

---

[1] 萨费奈（H. H. G. Savenije）及其同事概述了从工业革命中产生的水资源管理理念："随着人们对水利工程、大规模供水、防洪和灌溉方面知识的了解加深，淡水开发和相关社会发展成为可能。新一代的工程师具备了新的技术力量，他们也承担了新的水利建设任务：'驯服'自然并使之有序……在19世纪的最后几十年和20世纪的头几十年里，包括印度、苏丹、马里、埃及、美国、巴西、西班牙和荷兰等地及其他一些地区的水资源景观发生了变化。这些发展的产生与强有力的水资源管理机构的出现有关……也使得农业产品和能源出现前所未有的增长，并加深了人类可以完全控制水资源并能够主宰自然的信念。"Savenije et al. (2014), pp. 320 - 1.

[2] Ronald C. Griffin(2012), "The Origins and Ideals of Water Resource Economics in the United States"（《美国水资源经济学的起源与理念》）, *Annual Reviews of Resource Economics*（《资源经济学年鉴》）4, pp. 353 - 77. 又见 Grey and Sadoff(2007)。

[3] Michael D. Young(2014a), "Designing Water Abstraction Regimes for an Ever-Changing and Ever-Varying Future"（《为不断变化的未来设计取水制度》）, *Agricultural Water Management*（《农业水资源管理》）145, pp. 32 - 8.

先前所指出的,农业用水仍然占全球水资源开采量的70%。在绝大多数国家,水资源的分配并没有达到其价值利用的最大化,存在着大量的水资源浪费的情况。例如,农业用水往往效率低下,导致地下水资源的过度开采以及主要河流自然流量的减少。正如我们所看到的那样,粮食贸易可能在一定程度上提高了水资源的使用效率并减少了浪费,但人们越来越担心,政策的扭曲和管理不善,反而导致水资源密集型商品的出口越来越多地来自那些缺水地区以及水资源和可消耗地下水资源使用机会成本高的国家。

同时,用水需求扩大的主要原因是依靠公共供水系统提供服务的城市人口数量正在不断增加。例如,美国大约有46%的人口是由超大型的公共供水系统(可供应超过10万人)提供供水服务的,并且,超过36%的人口是由大型供水系统(可供应1万—10万人)提供供水服务的。① 在全球范围内,公共供水系统在更新老旧设备以及满足日益增加的城市人口用水需求方面,面临着越来越大的压力。发展中国家不仅需要找到足够的水源以满足农业发展和城市扩大的需求,还需要获得充足水源以满足发展中国家里6.63亿难以获得纯净安全水的人和24亿缺乏足够卫生设施的人的基本用水需求。②

这意味着现代"水利建设任务"的重点,无论是在农业、市政和工业使用,洪水控制,还是污水回收处理领域,仍然都是建立在大型公共供水基础设施建造和供水系统扩张的基础上,以满足不断增加的市政用水需求。正如我们在前文所看到的,水利建设已有很长的历史,其起源于工业革命时期。例如,政府用公共资金建造大型水坝,为19世纪末以来美国不断扩张的人口、农业和工业领

---

① Edward B. Barbier and Anita M. Chaudhry(2014),"Urban Growth and Water"(《城市经济增长与水资源》),*Water Resources and Economics*(《水资源与经济》)6, pp. 1 – 17.
② UNICEF and WHO(2015).

域提供多种供水服务。然后，这种模式又在整个 20 世纪被其他拥有主要河流流域的国家采用——如加拿大、温带拉丁美洲、澳大利亚、新西兰和南非。二战后，大型水坝和水利基础设施项目的建设迅速扩展到了低收入和中等收入国家中。这些发展中国家的公共投资项目往往得到了大量外国援助资金的支持，这些项目包括埃及的阿斯旺大坝（Aswan Dam）、印度讷尔默达（Narmada）河的萨尔达尔·萨罗瓦尔大坝（Sardar Sarovar Dam）和巴西的贝罗蒙特大坝（Belo Monte Dam）。今天，全世界现有水坝已超过 5.5 万座，绝大部分都是通过公共投资建设和运营的。[①] 尽管 70% 的水坝是用于单一目的的，其中绝大部分是用于灌溉，其后才是用于水力发电、供水和防洪，但现在各国，尤其是发展中国家，对多用途水坝的需求正在增加。更重要的是，这意味着世界范围内都是由公共部门在主导着水资源供应和服务方面的规划、投资和建造。

也许全球水利建设任务最极限的体现就是在半干旱和干旱环境地区开发水利"大型项目"。[②] 这些都是规模和投资巨大的基础设施项目，通常涉及水坝、改道、运河和管道的建设，这些调水的项目都是通过促进农业、工业和城市的发展，让大量的人口不断迁移至沙漠地带。尽管这些项目取得了工程意义上的巨大成就，并不断成功地将沙漠改造成了适宜的城市、人口和经济活动地区，实际上却代表了人们在经济和财政政策上的巨大失败。

一个典型的例子是亚利桑那州中部项目（CAP），它是美国历

---

① 参见国际大坝委员会（International Commission on Large Dams, ICOLD）网站，http://www.icold-cigb.org/。

② Troy Sternberg（2016），"Water Megaprojects in Deserts and Drylands"（《沙漠和干旱地区的大型水利项目》），*International Journal of Water Resources Development*（《国际水资源开发杂志》）32:2, pp. 301-20. 正如作者所指出（pp. 301-2）："不久前的计划提倡由'新'地下水资源所驱动的跨越干旱地区、干旱草原和北美大草原的'人定胜天''征服处女地''西进运动'等口号。人们的口号如今已经转向了经济发展、水资源安全、防治荒漠化和将沙漠视为由不断增长的人口加以管理的环境的理念。这就产生了当下的大型项目时代，在这个时代里，随着人类使用技术和资金来'把资源带给人们'，而不是把人们安置在'有水的地方'，人们基本用水需求也呈指数级的增长。沙漠和半沙漠地带，覆盖了地球 40% 的面积，是 20 亿人口的居住地……是这一趋势最明显的体现……对沙漠环境的关注反映了在当今全球化世界中水资源是如何被（错误）利用的。"

史上规模最大、投资成本最高的输水项目。[①] 该项目投资超过了150亿美元,于1992年完成,通过运河运输的形式从科罗拉多河引水,以支持美国西南部亚利桑那州的菲尼克斯、图森及其周边地区的灌溉农业。虽然农民得到了水资源,但是政府所收取的灌溉费用无法覆盖其所投入的资金。多个农业用水区出现了破产状况,沉重的贷款负担被迫转移到了城市居民和纳税人的身上,剩下的债务要到2046年才能还清。

出于经济发展和人口增加的需要而开发类似大型项目,这仍是世界缺水地区的主导模式。例如表3.2中,面临水资源紧张状况的6个大城市——德里、墨西哥城、卡拉奇、北京、洛杉矶和利马——都位于沙漠地带或其附近,且都依赖于这种大型项目来为城市供水。这种趋势可能仍会持续下去。正如地理学家特洛伊·斯滕伯格(Troy Sternberg)所指出的那样,"由于干旱地区在农业、工业和家庭用水方面需要越来越多的水资源,大型的水利项目能够为此提供一种短期有效的解决方案,满足当前需要并提供一种政治上的权宜之计"[②]。但不幸的是,即便是在水资源最为短缺且不宜居住的环境中,人们仍采用这种寻找和运输更多的淡水供应的方式,以满足不断增长和日益竞争的用水需求。这种现象说明我们当下的水利建设任务在整个世界范围内是多么普遍和单一化。

如果要避免水资源短缺及其带来的经济和社会后果,我们必须尽快采取另一种管理水资源的方式。现代水利建设任务,及其相伴的也是更为重要的机制、激励政策和技术创新,都是从水资源丰富的历史时期演变而来的。因此,今天的水资源管理方式已经不适合于应对当下出现的全球性水资源危机。在水资源日益短缺

---

① Michael Hanemann(2002),"The Central Arizona Project"(《亚利桑那中部项目》),CUDARE Working Paper 937, University of California, Berkeley;Sternberg(2016).
② Sternberg(2016),p.301.

的时代，世界上的水资源将再也无法承受这种旨在不断寻找和开采更多淡水资源的创新技术、机制和激励政策。相反，我们必须寻求另一种替代策略，即管理和减少用水需求，降低水资源使用的经济、社会和环境成本，提高供水、用水和水处理系统的运作效率。下一章将探讨进行这种水资源管理转变所需要的机制、激励政策和创新技术。

第四章

全球水资源管理危机

　　全球水危机主要是水资源管理不足和管理不善的危机。在不久的将来，许多国家、地区和人口可能都会面临额外开采水资源而带来的成本上升，这不仅会对经济增长造成限制，也会使那些长期面临水资源危机的贫困人口和国家的用水需求越来越难以得到满足。如果不加以控制，水资源短缺还会增加内乱和冲突的可能性。在跨界水资源管理和部分国家"抢占水资源"性质的投资案例中也存在着争议性的风险。但是，这种危机是可以避免的。政策、治理和机制的不健全，加之错误的市场信号，以及缺乏足够的技术创新以提升水资源的使用效率，这些因素是绝大多数长期性水资源问题的根源。

　　本书接下来的章节将更为详细地探讨这些主题。本章旨在探讨全球水资源使用量的增长和水资源稀缺性的加剧，会产生哪些社会和经济影响。我们将探讨这一问题的几种表现形式：人们需要满足未来日益增长的用水需求，气候变化又为此增添了额外的威胁因素；水资源短缺对经济增长，尤其对发展中国家经济增长的影响；对跨界水资源的日益依赖，及其可能引起的争端和冲突；不断恶化的地下水危机；最近出现的为了确保长期拥有肥沃的农业用地和水资源而"抢占水资源"的现象。

气候变化和水资源短缺

在未来的几十年里，不断增长的人口和用水需求，会给世界水资源的供给带来更大的压力。气候变化可能会进一步加剧由此造成的水资源短缺。

目前，世界上估计有 16 亿至 24 亿人生活在缺水的流域地区。其中大多数位于东亚（约有 7 亿人）和南亚（约有 5 亿至 10 亿人）。在没有任何气候变化影响的情况下，到 2050 年，受水资源短缺影响的人口将达到 31 亿至 43 亿，其中包括南亚的 15 亿至 17 亿，以及东亚的 7 亿至 12 亿。然而，全球气候模型的情景预测表明，从现在到 2050 年，气候变化可能会大幅增加受水资源短缺影响的人口数量。最可能出现的情形是，全球变暖将使受水资源短缺影响的人数增加 5 亿至 31 亿，其中可能包括 15 亿南亚人口和 5 亿东亚人口的增加。[1]

气候变化可能会对灌溉农业用水产生最显著的影响。正如我们在上一章所看到的，世界大部分地区的农业用水占到淡水使用量的 70%—80%。未来几十年，由于人口的增加，人们对肉类及其他水资源密集型的产品会有更多的需求，工业和城市用水方面的

[1] Simon N. Gosling and Nigel W. Arnell(2016), "A Global Assessment of the Impact of Climate Change on Water Scarcity"(《气候变化对水资源短缺影响的全球评估》), Climatic Change(《气候变化》) 134:3, pp.371–85. 然而请注意，作者强调，气候变化对南亚和东亚缺水影响的预测存在很大不确定性，这也表明气候变化对全球的影响存在很大的不确定性。因此，作者得出结论（p.371）："世界大部分地区所面临的水资源短缺风险将增加，而不是因气候变化而减少，但这并不适用于所有气候变化模式。"其他关于气候变化对水资源短缺影响的评估则并非如此谨慎态度，例如参见 Jacob Schewe, Jens Heinke, Dieter Gerten, Ingjerd Haddeland, Nigel W. Arnell, et al. (2014), "Mutimodel Assessment of Water Scarcity under Climate Change"(《气候变化下水资源短缺的多模型评估》), Proceedings of the National Academy of Sciences(《美国国家科学院院刊》) 111:9, pp.3245–50。

竞争也将日益激烈,因此未来在农业,尤其是粮食生产领域,水资源短缺情况可能会愈演愈烈。与气候变化有关的气温升高和降水模式变化,会进一步加剧水资源短缺对农业的影响。

例如,现有的气候模型表明,气候变化所带来的水资源短缺,将导致全球玉米、大豆、小麦和大米等基本粮食作物出现减产,粮食生产潜力与目前总产量相比将下降8%至24%。[1] 美国西部、中国以及西亚、中亚和南亚的淡水资源紧缺,可能将造成2000万至6000万公顷的农田从灌溉农业模式还原为此前的旱作农业。如果这种情形成为现实,全球粮食生产的损失可能会翻倍。一些地区,如美国北部和东部、东南亚、欧洲和部分南美地区,可能会出现淡水资源的增加,从而可以向更多的灌溉农田供水。然而,这需要在这些地区的灌溉基础设施和供应方面进行大量投资才能实现。

在上一章我们也指出,用水增长最快的是迅速扩大的城市和城市人口。不仅世界各地的城市化正在加速,而且城市居民每年的用水量正在不断增加。其结果是全球城市地区开始使用越来越多的淡水资源,并开始不断延伸其"水足迹",即从更远的河流和水库中取水以保障城市用水的安全。气候变化将对人们获取可供城市使用的水文资源带来更大压力,并且可能会使人们更难获得因人口迅速扩张而增加的水资源需求量。

例如,从2000年至2050年,全世界城市居民的人数预计将增加30亿。在2000年的时候,已经有1.5亿人生活在长期缺水的城市里,每人每天用水量少于100升。到2050年,仅城市人口的增长,就将使这一数字扩大到近10亿人。气候变化将使面临长期缺

[1] Joshua Elliott, Delphine Deryang, Christoph Müller, Katja Frieler, Markus Konzmann, et al. (2014), "Constraints and Potentials of Future Irrigation Water Availability on Agricultural Production under Climate Change"(《气候变化下未来灌溉水可利用度对农业生产的制约及潜力分析》), *Proceedings of the National Academy of Sciences*(《美国国家科学院院刊》) 111:9, pp. 3239-44.

水的城市居民再增加 1 亿人。① 更重要的是,气候变化可能还会导致城市水资源供应的成本上升,因为水资源将必须从更远的水源地运输到城市中,城市用水成本也会上升。此外,随着更多的淡水生态系统、河流盆地和其他水体被开发并输送给城市人口,人们为了克服长期性和季节性缺水所采取的这些举措,可能也会让人们付出巨大的生态代价。

经济增长与水资源短缺

全球的水资源需求量预计可能会从 2000 年的 3500 立方千米增长到 2050 年的 5500 立方千米,这主要是由于发展中国家在农业、制造业、电力和家庭方面用水需求增加。② 正如前文所述,未来几十年可能会有数十亿人受到水资源短缺的影响,并且其中许多人可能生活在较为贫困的地区。气候变化也会影响并威胁人们尝试增加水资源供应量的过程。这就出现了一个问题,也就是日益增长的水资源使用量和稀缺性会不会对经济增长形成制约,特别是对今天的低收入和中等收入国家造成影响,因为这些国家随着国内的经济发展和人口的增长,可能会需要更多的水资源。

水资源短缺可能会通过两种方式影响经济增长。首先,随着水资源变得日益稀缺,一国更难以获得足够的淡水资源,国家就需要从总经济产出中分配更多份额的资金用于建造水坝、泵站和供水设施等。也就是说,随着国家试图获得更多的淡水供应,其所付出的经济成本可能会上升。但这也会对经济增长产生积极影响。水资源使用的增加将提高农业和工业的生产效率,从而有益于经

① Robert I. McDonald, Pamela Green, Deborah Balk, Balazs M. Fekete, Carmen Revenga, et al. (2011), "Urban Growth, Climate Change, and Freshwater Availability"(《城市经济增长、气候变化和淡水可用性》), *Proceedings of the National Academy of Sciences*(《美国国家科学院院刊》) 108: 15, pp.6312 - 7.
② OECD(2012), p.216.

济的发展。然而,随着水资源变得越来越稀缺,供水成本也在不断增加,一旦供水成本超过了生产力增长所带来的经济效益,那么水资源使用量的增加及水资源的日益稀缺,就会对经济的发展造成限制。

其次,一个国家水资源的使用可能会受到绝对可用水资源量的限制。在这种极端情况下,对于一个实际上已用水紧张的国家来说,想要满足其日益增长的用水需求,可能会变得更加困难,也需要付出更高昂的成本。正如前一章所述,中东国家高度依赖农产品的进口,以克服整个区域由极度缺水造成的用水限制。例如,通过粮食贸易,约旦每年进口相当于约 50 亿至 70 亿立方米的水资源,而约旦国内可用于农业的水资源约为 10 亿立方米。[①]

曾经有一项研究考察了这两种机制,指出水资源短缺可能会影响 163 个高收入和发展中国家的经济增长。[②] 研究结果表明,目前大多数国家淡水资源的利用率尚未达到制约经济增长的水平。大多数国家可以通过使用更多的淡水资源,促进经济进一步增长,尽管这种方式所带来的经济增长显然也是有限的。然而,那些"水资源紧张"的国家,也就是在当下和未来只具备有限的淡水资源以供应其人口的那些国家,可能会发现,通过使用更多的水资源来促进经济实现更多增长,将变得尤为困难。许多中东地区的国家似乎已经面临着这一问题。

尽管水资源短缺尚未成为大多数国家整体经济增长的限制因素,但人们可能还会面临其他方面的担忧。例如,城市化和工业化不仅通过水资源开采量的增加,还通过水污染的增多对淡水资源造成额外压力。有一项针对 1960 年至 2009 年间 177 个国家的分析表明,水资源的利用能够影响经济增长,但事实证明水质也非常

---

① Allan(2003);Hoekstra(2010).
② Barbier(2004).

重要,其对经济增长的影响甚至更大。① 这就意味着水污染的增多会导致可供水资源的短缺,这可能是水资源对经济增长造成影响的另一种方式。

对于许多国家来说,淡水资源的供应和使用效率在一个国家特定区域和流域间的差别很大。因此,一个国家从总体上来看,其淡水供应相对于总需求来说可能是充足的,具体到某些地方来说却可能是不足的。美国和中国等大国尤其如此。例如,美国西部总体上是干旱和半干旱地区,水资源的短缺已经对农业和不断增加的城市用水造成了限制,美国的东部地区却具有充足的水资源供应。在中国,黄河和长江流域正面临着日益严重的水资源短缺,但中国的南部和西部地区流域受到水资源短缺的影响较小。②

此外,水资源短缺可能是一个国家某些特定部门(如农业部门)发展的重要限制因素。例如,卡片 4.1 是对关于水资源使用对美国西部怀俄明州农业增长影响的一项研究的总结。怀俄明州各县可用水资源量差别较大,也存在周期性干旱的现象。在水资源相对丰富的各县,农业用水量会增加,并且长期人均农业产量也更高。然而,那些面临长期缺水的县,已经完全施行了将水资源优先用于农业的原则,但这些县的缺水状况限制了农业的增长。干旱进一步限制了水资源的使用,从而进一步降低了农业增长。

卡片 4.1　怀俄明州的水资源和农业增长

怀俄明州是美国西部一个干旱且以农业为主的州,水资源的开发曾经对该州的农业扩张做出了重大的贡献。该州大约有 60% 的牧场和农场使用地表水灌溉,其余则依靠雨水。

---

① Souha El Khanji and John Hudson(2016),"Water Utilization and Water Quality in Endogenous Economic Growth"(《内源性经济增长中的水资源利用与水质》),*Environment and Development Economics*(《环境与发展经济学》)21:5,pp. 626 – 48.
② Gosling and Arnell(2016). 译者注:原文有误,实际上中国黄河流域和西部地区水资源短缺,而南部地区和长江流域受到水资源短缺的影响较小。

地下水并不是灌溉用水的主要来源，并且灌溉农业用水占到了怀俄明州水资源使用量的95%。怀俄明州各县的可用水资源量差别较大，一些县具备充足的水资源供应，而另一些县则面临长期性的缺水。干旱是牧场主和农场主所面临的长期威胁。

与美国西部所有州一样，水资源是根据先占原则进行分配的。这允许水权持有者根据水资源优先使用权来分配和使用水资源，因此农场主或牧场主必须证明其所需要使用的水资源量，符合"可批准"的水资源使用领域，如将水资源用于灌溉作物、牲畜用水等。水资源的优先占有权实际上代表了持有人在农业用途上的用水上限。

乔杜里（Chaudhry）和巴比尔（Barbier）分析了1980年至2004年期间，怀俄明州23个县的水资源使用量对其农业增长的影响。他们发现，水资源使用量的增加会导致人均农业产量的增加，但是如果水资源的优先占有权限制了水资源的使用，那么农业的长期增长会受到严重的影响。也就是说，如果长期性用水也完全处于优先水权的分配范围之内，那么水资源使用量的增加就能够导致农业产量的增加。然而，在面临长期性缺水的县内，农业方面的优先用水权已经得到充分实施，因此，试图通过使用更多的水资源来提高农业产量的方式就会存在限制。例如，怀俄明州东南部普拉特河（Platte River）流域内缺水的县的农业平均增长率，就比那些水资源不受限制的县要低21%。最后，研究表明，如果周期性的干旱加剧了对人们用水的水权限制，那么将使长期农业增长下降。

资料来源：Anita M. Chaudhry and Edward B. Barbier（2013），"Water and Growth in an Agricultural Economy"（《农业经济体的水资源和经济增长》），*Agricultural Economics*（《农业经济学》）44：2，175－189。

　　如上所述,全球水资源需求量和使用量的增长,预计大部分将出现在发展中国家。许多发展中经济体已面临越来越高的环境和社会成本,因为这些国家希望通过扩大可用淡水资源的供应,更好地保证用水安全,并因此投入了更多的基础设施和资金。然而,也有证据表明,糟糕的水资源政策、治理方式和制度可能会加剧公共供水的效率低下并增加供水成本,从而人为增加许多发展中国家获取额外水资源的经济成本。[1] 例如,发展中国家灌溉用水占水资源使用量的70%,然而许多国家的灌溉系统中,从水源地到作物之间的运输通常会消耗一半到三分之二的水资源,这主要是因为水资源的使用得到了政策补贴,所以,水价无法正确地反映农场主在运输水资源过程中的成本代价,更不用说反映水资源在使用时所体现的价值了。[2]

　　在许多发展中国家里,如果水资源使用的成本上升且社会使用效率较低,那么提升水资源利用率就会导致经济增长的下降。也就是说,经济增长最初会因为提升水资源的使用效率而下降,只有在水资源的利用率提高并迫使经济在这种水资源政策和使用条件下变得更为高效的时候,才会实现经济的增长。如果因为政府对水资源供应进行拨款和补助,而对经济增长所造成的负面影响,超过了水资源利用量的增加给生产力带来的积极影响,那么就会出现提升水资源利用率导致经济增长下降的结果。

---

[1] Barbier(2015b); Dosi and Easter(2003); R. Quentin Grafton, Jamie Pittock, Richard Davis, John Williams, Guobin Fu et al. (2013), "Global Insights into Water Resources, Climate Change and Governance"(《水资源、气候变化和治理的全球洞察》), *Nature Climate Change*(《自然气候变化》) 3:4, pp.315 – 21; Grey and Sadoff (2007); R. Maria Saleth and Ariel Dinar (2005), "Water Institutional Reforms: Theory and Practice"(《水制度改革:理论与实践》), *Water Policy*(《水资源政策》) 7:1, pp.1 – 19; Céline Nauges and Dale Whittington(2010), "Estimation of Water Demand in Developing Countries: An Overview"(《发展中国家水资源需求评估综述》), *World Bank Research Observer*(《世界银行研究观察》) 25:2, pp.263 – 94; Schoengold and Zilberman(2007); Dale Whittington, W. Michael Hanemann, Claudia Sadoff and Marc Jeuland(2008), "The Challenge of Improving Water and Sanitation Services in Less Developed Countries"(《改善欠发达国家供水和卫生服务过程中所面临的挑战》), *Foundations and Trends in Microeconomics*(《微观经济学的基础与趋势》) 4:6 – 7, pp.469 – 609.
[2] Schoengold and Zilberman(2007).

有关研究考察了 1970—2012 年间 112 个发展中经济体水资源使用量的增加对经济增长可能产生的影响。[1] 分析发现,有证据表明水资源使用量的增加一开始会导致经济增长的下降,但最终经济可能会随着淡水供应方面水资源利用率的上升而实现增长。水资源使用量的增加最初会对经济增长产生负面影响,对此最可能的解释是,这是低效的水资源政策和机制造成的。然而,一旦发展中国家淡水供应方面的水资源开采率达到相当高的水平,开采经济成本的增加就会促使低效的水资源政策和机制进行改革。这也许可以解释,对于一些国家,一旦水资源的利用率超过三分之二,水资源使用量的增加就会推动产生更高的经济增长。也就是说,随着水资源变得越来越稀缺,各国可能就会意识到不能再继续沿用以往低效且过于浪费的水资源政策和机制,并开始进行水资源相关的政策改革。

跨界水资源

越来越多的国家共享水资源。有 286 个地表水流域跨越了国际边界,并且有近 600 个跨界含水层。跨界流域面积占世界陆地面积的近一半,并且全球 40% 的人口是生活在跨界流域内的。[2] 正如我们先前所讨论的那样,人口增长、经济活动增加和气候变化意味着越来越多的人将生活在缺水的流域内。因此,随着水资源日益短缺,跨界水资源对于全球水资源供应的重要性将越来越大,各国在共有地表水和地下水资源方面发生争端和冲突的潜在可能性将增大。

有时跨界水资源可以在各国之间实现平均分布,这样就使各

---

① Barbier(2015b).

② Jacob D. Petersen-Perlman, Jennifer C. Veilleux and Aaron T. Wolf(2017),"International Water Conflict and Cooperation: Challenges and Opportunities"(《国际水资源的冲突与合作:挑战和机遇》),*Water International*(《国际水资源》)42:2,pp.105 - 20.

国之间比较容易达成水资源共享协议。但是随着水资源日益短缺并且各国越来越依赖于外部水资源,这种情况可能会发生变化。已经有 25 个国家需要从境外获取大概 50%—75% 的水资源,并且有 15 个国家 75% 以上水资源需求依赖外部水资源供给。[1] 其中除了两个国家,其他国家都是发展中经济体。气候变化对淡水资源所造成的影响,可能成为这些国家所面临的最大挑战。[2] 此外,许多国家所在的地区已出现了长期性冲突和水资源短缺的情况,比如中东地区。

随着共享水资源国家数量的增加,协调各国对跨界水资源供应所开展的共同管理就变得越来越困难。全世界有 53 个河流流域是被 3 个及以上国家共有的。有 7 个国家共享亚马孙河流域,尼罗河沿岸有 10 个国家,多瑙河沿岸有 17 个国家。[3] 当众多面临气候变化和长期性缺水的国家共享一条河流或其他形式的水体时,国家间对可用水资源的竞争就会变得十分激烈。如何满足农业和其他重要领域的淡水使用需求,成为政策制定者面临的一项重要挑战。[4]

当一个国家与许多国家共享多种水资源的时候,同样会出现问题。这种情况通常发生在撒哈拉以南非洲,那里有许多小国和众多河流。全世界有 77 对国家存在共享 3 条或以上河流的情况,其中有 25 对国家在非洲。中国和俄罗斯也面临着相当大的挑战,因为它们与多个国家共享着多条河流。例如,中国与印度、哈萨克斯坦、朝鲜、蒙古、缅甸、俄罗斯和越南这些国家之间,都存在着同

[1] UNDP(2006).

[2] E. Stephen Draper and James E. Kundell(2007), "Impact of Climate Change on Transboundary Water Sharing"(《气候变化对跨界水资源共享的影响》), *Journal of Water Resources Planning and Management*(《水资源规划与管理杂志》)133:5, pp.405−15.

[3] Richard E. Just and Sinaia Netanyahu(1998), "International Water Resource Conflicts: Experience and Potential"(《国际水资源冲突:经验和潜力》), in Richard E. Just and Sinaia Netanyahu, eds., *Conflict and Cooperation on Trans-Boundary Water Resources*(《跨界水资源的冲突与合作》)(Boston: Kluwer Academic), pp.1−26.

[4] Barbier and Bhaduri(2015).

时共享 3 条或以上河流的情况。俄罗斯与阿塞拜疆、白俄罗斯、中国、芬兰、格鲁吉亚、哈萨克斯坦、拉脱维亚、蒙古和乌克兰这些国家之间,存在共享 3 条或以上河流的情况。[①]

　　虽然大多数国家都有分配国内水资源和解决水争端的制度机制和政策,但事实证明,各国之间就管理和共享国际水资源的可行协定进行谈判和执行,是更为困难的事情。目前,全世界有 300 多项国际淡水协定。[②] 然而,许多国际河流流域和其他形式的共享水资源尚缺乏任何一种形式的管理机制,并且,一些现有的国际协定也需要更新或改进。尽管国家之间就共享水资源问题发生武装冲突的潜在可能性仍较低,但各国之间在解决水资源争端方面仍缺乏合作。[③] 与欧洲国家相比,亚洲和非洲国家之间似乎不太可能针对跨界水资源问题缔结国际条约。[④] 在某些情况下,如撒哈拉以南非洲乍得湖出现萎缩现象,这种情况显示合作的缺失对共享水资源系统产生了有害的影响。[⑤] 在南亚,印度和孟加拉国之间 1996 年所签订的恒河水分享协议可能会解约,除非该条约能够得到延长,并且能获得尼泊尔的水资源对该河流量的输送和补给。[⑥]

　　一项针对共享河流流域的政治冲突风险的评估发现,最大的威胁发生在各国为了满足本国未来的水资源需求而开始规划大型基础设施项目,却未与邻国就跨界水资源的管理达成任何正式的

① Jennifer Song and Dale Whittington(2004), "Why Have Some Countries on International Rivers Been Successful Negotiating Treaties? A Global Perspective"(《为什么部分国际河流沿岸国家在条约谈判方面取得了成功? 一种全球性角度》), *Water Resources Research*(《水资源研究》)40:5, W05S06.
② Meredith A. Giordano and Aaron T. Wolf(2003), "Sharing Waters: Post-Rio International Water Management"(《共享水资源:后里约公约时代的国际水资源管理》), *Natural Resources Forum*(《自然资源论坛》)27:2, pp. 163 – 71; Wolf(2007). 又见 UNEP(2002), *Atlas of International Freshwater Agreements*(《国际淡水资源条约地图集》)(Nairobi: UNEP), available at https://wedocs.unep.org/handle/20.500.11822/8182(accessed June 15, 2018).
③ Wolf(2007).
④ Song and Whittington(2004).
⑤ UNDP(2006).
⑥ Anik Bhaduri and Edward B. Barbier(2008a), "International Water Transfer and Sharing: The Case of the Ganges River"(《国际水资源转移与共享:以恒河为例》), *Environment and Development Economics*(《环境与发展经济学》)13:1, pp. 29 – 51.

协议的时候。① 如表 4.1 所示,安全性较为脆弱的流域大部分位于发展中国家——数个位于东南亚、南亚、中美洲、南美洲北部、巴尔干南部和整个非洲地区。这些流域内国家间政治局势已经较为紧张,且发生过政治冲突,这对未来各国就跨界水资源管理开展合作来说并不是一个好兆头。

表 4.1　未来可能发生水资源冲突的流域

流域	沿岸国家	地区	人口(千人)
北江/西江	中国、越南	东亚	77098
贝尼托河/恩特姆河	喀麦隆、赤道几内亚、加蓬	撒哈拉以南非洲	657
蓝江/红河	老挝、越南	东亚	2741
奇里基河	哥斯达黎加、巴拿马	拉丁美洲	90
德林河	阿尔巴尼亚、马其顿、黑山、塞尔维亚	东欧	1766
伊洛瓦底江	中国、印度、缅甸	东亚和南亚	28583
克尔卡河	波斯尼亚和黑塞哥维那、克罗地亚	东欧	59
图尔卡纳湖	埃塞俄比亚、肯尼亚、南苏丹、乌干达	撒哈拉以南非洲	11733
马江	老挝、越南	东亚	2985
米拉河	哥伦比亚、厄瓜多尔	拉丁美洲	625
莫诺河	贝宁、多哥	撒哈拉以南非洲	2159
内雷特瓦河	波斯尼亚和黑塞哥维那、克罗地亚	东欧	633
奥果韦河	喀麦隆、刚果(布)、加蓬、赤道几内亚	撒哈拉以南非洲	768
元江—红河	中国、老挝、越南	东亚	17864
萨比河	莫桑比克、津巴布韦	撒哈拉以南非洲	3428

---

① L. De Stefano, Jacob D. Petersen-Perlman, Eric A. Sproles, Jim Eynard and Aaron T. Wolf(2017), "Assessment of Transboundary River Basins for Potential Hydro-Political Tensions"(《跨界河流流域潜在水文政治紧张局势评估》), *Global Environmental Change*(《全球环境变化》) 45, pp. 35 - 46.

续 表

流域	沿岸国家	地区	人口(千人)
西贡河	柬埔寨、越南	东亚	10911
怒江—萨尔温江	中国、缅甸、泰国	东亚	7851
萨纳加河	喀麦隆、中非、尼日利亚	撒哈拉以南非洲	3443
圣胡安河	哥斯达黎加、尼加拉瓜	拉丁美洲	5057
塔里木河	阿富汗、中国、哈萨克斯坦、吉尔吉斯斯坦、塔吉克斯坦	中亚	10323
图盖拉河	莱索托、南非	撒哈拉以南非洲	1975
瓦尔达尔河	保加利亚、希腊、马其顿、塞尔维亚	东欧	2126

资料来源:De Stefano et al.(2017)。

全球地下水危机

人类用水会对地表水供应和淡水生态系统产生越来越大的压力,人们对地下含水层的开采也日益增多,一些人认为这些活动已经造成"全球地下水危机"[1]。地下水资源的开采量已经占到世界水资源总开采量的三分之一,并且有超过 20 亿的人口依赖地下含水层作为其主要水源。[2] 目前,全球地下水资源开采量增加了1%—3%,并且水污染和海水入侵已成为余下的地下水资源所面临的普遍问题。[3]

此外,正如我们前一章所讨论的,全球粮食贸易越来越依赖于使用地下水。从 2000 年到 2010 年,由于粮食出口需要而开采的地

---

[1] Famiglietti(2014).

[2] Famiglietti(2014).

[3] Marguerite de Chaisemartin, Robert G. Varady, Sharon B. Megdal, Kirstin I. Conti, Jac van der Gun, et al. (2017), "Addressing the Groundwater Governance Challenge"(《应对地下水治理的挑战》), in Eiman Karar, ed., *Freshwater Governance for the 21st Century*(《21 世纪淡水资源治理》)(London: Springer Open), pp. 205 – 27.

下水从每年 17.7 立方千米增加到 25.6 立方千米,增长了 45%。[1]
目前,全球有五分之一的城市居民依赖地下水作为主要水源,随着
城市及其人口继续扩大,城市化的迅速发展可能会给地下含水层
的开采和供水带来更大的压力。[2]

　　而且,与大多数地表水不同的是,地下水很难得到补给。地下
含水层通常是固定或与外界隔绝的水资源储备,其消耗速度远远
大于自身缓慢的补给速度。因此,地下水通常称为**化石水**,因为相
较于河流、湖泊和其他地表淡水,地下水与化石燃料等不可再生且
可耗竭资源具有更多共性。然而,在世界上许多最容易干旱和最
干旱地区,当地表淡水供应无法满足农民、农场主、牧民和不断扩
大的城市化的用水需求的时候,地下水往往会成为"后备"资源。

　　因此,干旱和半干旱地区主要含水层的水资源年消耗率远超过
其自然补给速度(见表 4.2)。这些地区大多是全球农业生产,尤其
是粮食生产的重要来源地。此外,有些地区的地下含水层因面积较
大而会为两个甚至两个以上国家所分享。有一些国家已经与其邻国
发生了冲突,这种共同使用正迅速枯竭的地下含水层的情况,可能会
使北非、中东和南亚地区已有的政治紧张局势进一步恶化。

表 4.2　主要干旱和半干旱地区地下含水层的开采情况

含水层	影响国家	消耗速度 (立方千米/年)
印度西北部	印度、巴基斯坦	17.7
阿拉伯地区	伊拉克、约旦、阿曼、卡塔尔、沙特、阿联酋、 也门	15.5
中东北部	伊朗、伊拉克、叙利亚、土耳其	13.0
高地平原(奥加拉拉)	美国	12.5
华北平原	中国	8.3

[1] Dalin et al. (2017).
[2] McDonald et al. (2014).

续　表

含水层	影响国家	消耗速度 （立方千米/年）
坎宁盆地	澳大利亚	3.6
中央谷地	美国	3.1
撒哈拉西北部	阿尔及利亚、利比亚、突尼斯	2.7
瓜拉尼	阿根廷、巴西、巴拉圭、乌拉圭	1.0

资料来源：Famiglietti（2014）。

抢占水资源

当人口众多且较为富裕的国家面临水资源短缺的时候，这些国家越来越多地向其他国家进行投资，以获得更多肥沃土地和水资源。这些国家获得本国之外的农业资源以种植作物，这些农作物通过出口的形式再回到这些水资源短缺的国家，从而为不断扩大的人口提供粮食，或为不断发展的工业提供原材料。这种全球性的现象通常称为"抢占水资源"。[1]

正如我们在上一章所看到的，全球范围内越来越多的地区和人口正日益受到粮食生产用水短缺的影响。通过在淡水资源较为丰富的地区获得土地，淡水资源稀缺的国家可以减小本国在粮食作物种植方面的用水需求。这种做法既可以缓解水资源短缺的情况，又可以提升国家的粮食安全保障，可以说是一种"双赢"的策略。[2] 如果淡水资源较少的国家想要实现既能节约用水又能以较低的价格获得粮食的愿望，那么这些国家通过在水资源丰富的地

---

[1] Brown Weiss（2012）；Hoekstra and Mekonnen（2012）；Rulli et al.（2013）。

[2] 例如参见 Allan（2003）；Debaere（2014）；Andrea Fracasso（2014），"A Gravity Model of Virtual Water Trade"（《虚拟水交易的引力模型》），*Ecological Economics*（《生态经济学》）108，pp. 215 - 28；Hoekstra and Chapagain（2008）；MacDonald et al.（2015）；Jeffrey J. Reimer（2012），"On the Economics of Virtual Water Trade"（《与虚拟水交易相关的经济学》），*Ecological Economics*（《生态经济学》）75，pp. 135 - 9；Rosegrant et al.（2009）；Savenije et al.（2014）。

区获得土地,就可以实现全球范围内水资源和农业生产用地的更
有效利用。

　　如表4.3所示,这24个国家几乎都是因他国使用其农业用地
而被抢占水资源的国家。这包括用于农作物灌溉的地表水和地下
水("蓝水"),以及用于雨养农业生产的雨水("绿水")。几乎所有
水资源被抢占国都是低收入和中等收入国家。因此有人担心,这
种获取水资源的行为,可能会对这些贫穷的目标国家和地区的粮
食安全甚至人民的营养不良状况产生负面影响。[1] 如果未来仍然
主要从贫穷国家获取土地和水资源,那么可能会导致更多的冲突,
如在土地征用的合法性、补偿基础、满足当地人民对水资源的需
求、保护生态环境的完整性以及保障目标国家粮食安全等方面出
现更多的争议。[2]

表 4.3　主要水资源被抢占国

水资源被抢占国	被抢占水资源 (10亿立方米)			单位面积被抢占水资源 (立方米/公顷)		
	绿水	蓝水	总计	绿水	蓝水	总计
印度尼西亚	117.4	7.0	124.4	16000	1000	17000
苏丹	24.5	19.8	44.4	5000	4000	9000
坦桑尼亚	15.6	25.5	41.0	8000	13000	21000
菲律宾	36.7	1.4	38.1	7000	0	7000
刚果(金)	24.9	10.4	35.3	3000	1000	4000
巴西	20.2	8.4	28.7	9000	4000	13000
莫桑比克	8.0	12.2	20.2	5000	8000	13000
俄罗斯	3.4	13.7	17.1	1000	5000	6000
埃塞俄比亚	5.5	7.9	13.4	6000	8000	14000
利比亚	10.9	0.8	11.6	17000	1000	18000
刚果(布)	5.5	4.5	10.0	8000	7000	15000

① Rulli et al. (2013).
② Brown Weiss(2012).

水资源被抢占国	被抢占水资源（10 亿立方米）			单位面积被抢占水资源（立方米/公顷）		
	绿水	蓝水	总计	绿水	蓝水	总计
乌克兰	5.6	4.1	9.7	5000	3000	8000
喀麦隆	2.6	6.8	9.4	9000	18000	26000
塞拉利昂	4.9	2.5	7.3	10000	5000	15000
巴布亚新几内亚	5.4	1.4	6.8	17000	4000	21000
加蓬	3.3	3.3	6.6	8000	8000	16000
摩洛哥	3.7	2.8	6.5	5000	4000	9000
乌干达	3.1	2.4	5.5	4000	3000	7000
巴基斯坦	1.0	3.8	4.7	3000	11000	14000
澳大利亚	1.0	3.6	4.6	0	1000	1000
尼加拉瓜	1.4	2.8	4.2	4000	8000	12000
马达加斯加	1.7	0.7	2.4	5000	2000	7000
乌拉圭	1.5	0.1	1.6	4000	0	4000
阿根廷	0.5	0.3	0.8	1000	0	1000
总计	308.2	146.0	454.2	160000	119000	278000

这 24 个国家被抢占的土地占全球被抢占土地总面积的 90%。"绿水"指雨养农业生产所使用的雨水。"蓝水"指灌溉农业生产所使用的地表水和地下水。

资料来源：Rulli et al.（2013）。

表 4.4 显示，抢占水资源的国家大部分是位于北美、欧洲、中东的富裕国家，以及亚洲、拉丁美洲和非洲的新兴市场国家。在这些参与抢占水资源的国家中，有一些国家并没有遇到水资源短缺或农业生产受限的问题。人们越来越意识到，抢占水资源现象的背后，可能是这些国家的大型投资者和公司试图通过使用廉价水资源来种植可出口的农作物，从而获得巨额利润。[1]

此外，有迹象表明，对外抢占水资源的行为并没有减少参与这项活动的这些国家自身水资源供应紧张的压力。例如，正如我们

---

[1] Hoekstra and Mekonnen（2012）.

在第三章中所讨论的,印度、巴基斯坦和中国是全球最大的稀缺水
资源出口国,美国国内经常性缺水的地区也在向外出口水资源,如
加利福尼亚州和其他西部各州。① 然而,巴基斯坦也是抢占水资源
的目标国,美国等则是在海外获取土地和水资源的主要国家(见表
4.3和表4.4)。这就意味着,各国为了获得更廉价的粮食而参与
抢占水资源,并不一定是为了节约淡水资源。事实上,富裕国家从
海外获取更廉价的土地和水资源,可能是为了避免国内低效的水
资源管理所带来的各类不良后果以及可能造成的成本增加。

表 4.4　主要水资源获取国

水资源获取国	获取土地		单位面积获取的水资源(10亿立方米)		
	获取地区面积(百万公顷)	占全球总土地面积百分比(%)	绿水	蓝水	总计
美国	3.7	7.9	28.2	15.2	43.5
英国	4.41	9.4	26.9	7.5	34.4
阿联酋	2.68	5.7	16.8	11.9	28.8
以色列	2.0	4.3	20.1	3.8	23.8
印度	1.21	2.6	8.6	10.3	18.9
埃及	1.45	3.1	7.9	6.1	14.0
新加坡	0.93	2.0	8.9	3.7	12.6
南非	1.11	2.4	7.2	5.2	12.5
韩国	1.26	2.7	8.4	3.2	11.6
马来西亚	0.97	2.1	7.4	3.1	10.5
法国	0.77	1.6	6.0	3.9	9.9
中国	3.41	7.3	5.8	2.3	8.0
阿根廷	0.7	1.5	6.0	1.6	7.6
沙特	0.76	1.6	3.9	3.2	7.1
瑞士	0.83	1.8	3.0	3.2	6.2
卡塔尔	0.85	1.8	2.8	2.1	4.9
哈萨克斯坦	0.66	1.4	0.9	2.2	3.0
意大利	0.16	0.3	1.0	1.6	2.6
苏丹	0.15	0.3	0.8	1.8	2.5
加拿大	0.35	0.7	2.0	0.2	2.2
德国	0.33	0.7	0.8	1.1	1.9

① Hoekstra(2010); Lenzen et al. (2013).

水资源 获取国	获取土地		单位面积获取的水资源（10 亿立方米）		
	获取地区面积 （百万公顷）	占全球总土地面积 百分比（%）	绿水	蓝水	总计
俄罗斯	0.25	0.5	1.0	0.7	1.7
葡萄牙	0.21	0.4	0.4	1.3	1.7
巴西	0.11	0.2	1.2	0.4	1.6
总计	**29.0**	**62.2**	**176.0**	**95.6**	**271.5**

这 24 个国家所获得的土地占全球被抢占土地总面积的 62%。"绿水"指雨养农业生产所用到的雨水。"蓝水"指灌溉农业生产所用到的地表水和地下水。

资料来源：Rulli et al.（2013）。

抢占水资源并不是全球水危机的唯一表现形式，这种危机的根源在于水资源的管理不善。正如我们在本章中所看到的，水资源危机这一问题的所有表现方面——包括气候变化所带来的威胁、水资源的稀缺对经济增长的限制、由共享跨界水资源引起的争议和冲突以及日益加剧的地下水危机——都可以归结为是淡水资源管理方面的机制、激励措施和技术创新不足所造成的。正如我们将在下一章所探讨的那样，解决这些问题是克服已经迫在眉睫的全球水危机的关键。

第五章

改革治理和机制

在未来几十年里,随着全球范围内人口和收入的增加,人们对淡水资源的需求也将增长。此外,大多数淡水资源主要用途是农业,但现在市政、工业、娱乐和环境景观相关的用途也越来越多,这些领域的用水与农业用水是具有竞争性的。随着气候变化的加剧,所有这些用水领域的水资源供应可能会变得更具脆弱性和不确定性。

不幸的是,绝大多数国家现有的治理体制和机制是难以有效应对这些水资源管理方面的挑战的。正如我们在前几章所看到的,形成这种制度惯性的原因在于世界上大部分国家当下的取水制度是从水资源相对较为富裕时期所制定的制度演化而来的。[1]因此,今天的水资源管理,以及与之相伴的技术创新、机制和激励措施是无法应对当下的水资源稀缺的状况的。相反,大部分国家的水资源管理制度,仍然受到致力于寻找并开发更多淡水资源以满足日益增长的用水需求的"水利建设任务"的驱动。[2] 通常,政策

---

[1] Young(2014a).
[2] 如第三章所述,"水利建设任务"一词的提出和描述,出自 Savenije et al. (2014)。

失灵、体制和治理的失灵会导致水资源的浪费和生态系统的退化，从而加剧水资源的稀缺。也就是说，在世界正面临水资源危机且水资源日益稀缺的当下，各国却没有以正确的机制、政策和技术创新来应对这场危机。

解决这种水悖论的核心，在于改革治理和制度，使其能够应对日益严重的水资源短缺状况和竞争日益激烈的用水需求。针对水资源的**治理**包括与水资源相关的决策过程和制度。[①] **制度**通常是正式和非正式的规则，这些制度产生于已建立完善的社会管理和结构中，能够为与水资源发展、分配、使用和管理相关的个人和集体决策提供激励，并促成相应结果的产生。[②] 对水资源治理产生重要影响的包括法律和社会机构，这些机构保护知识产权、合同履行并鼓励采取集体行动建设水资源管理所需的实体性和组织性基础设施。因此，水资源的制度和治理是建立水资源管理的基石。如果水资源治理和制度的基石是强大的，那么良好的水资源管理也会随之而生；如果治理和制度的基石很脆弱，那么水资源的管理也会随之崩溃。

当下，水资源的治理和制度与我们的水资源管理需求是不匹配的。水资源的治理和制度是在水资源相对充足的时期发展而来的，当时并不需要技术创新来解决水资源短缺的问题。而今天的治理体制和机制，已经无法充分满足或及时适应可用水资源状况的迅速变化和人们相互竞争的用水需求，以及气候变化给水资源安全带来的威胁。[③] 尤其需要关切的问题是，绝大多数国家缺乏足

---

① Jonathan Lautze, Sanjiv de Silva, Mark Giordano and Luke Sanford(2011), "Putting the Cart before the Horse: Water Governance and IWRM"(《本末倒置：水治理与水资源综合管理》), *Natural Resources Forum*(《自然资源论坛》) 35:1, pp. 1–8.

② Saleth and Dinar(2005).

③ Sheila M. Olmstead(2014), "Climate Change Adaptation and Water Resource Management: A Review of the Literature"(《气候变化适应与水资源管理：文献综述》), *Energy Economics*(《能源经济学》) 46, pp. 500–9; Young(2014a).

够的地下水资源管理规则和机制。[1] 另一个普遍性的问题是,在绝大多数国家和地区,淡水至今仍被视为一种"可免费获得"的资源或一种不具有价格属性的商品,并且人们认为无论付出多大成本,政府都应将水资源作为公共品而向人们提供。[2] 还有一个挑战是,水资源的治理制度往往基于人为划定的政治和行政边界,而高效的水资源管理,尤其在应对环境和人类影响方面,是需要政府间的跨界治理的,如基于河流流域和集水区的区域范围对水资源进行管理。[3] 通过体制和治理的改革来纠正这种低效的管理方式,应当成为许多国家和地区应对水资源管理挑战的首要选择。本章的目的是探索水资源机制和治理改革的一些可行选择。

流域管理

有效管理河流流域和集水区对于解决日益加剧的水危机来说,是十分重要的。[4] 在过去几十年里,人们日益意识到并呼吁对

---

[1] Brown Weiss(2012); Marguerite de Chaisemartin, Robert G. Varady, Sharon B. Megdal, Kirstin I. Conti, Jac van der Gun, et al. (2017), "Addressing the Groundwater Governance Challenge"(《应对地下水治理的挑战》), in Eiman Karar, ed., *Freshwater Governance for the* 21*st Century*(《21 世纪淡水资源治理》)(London: Springer Open), pp. 205 – 27; Rulli et al. (2013); FAO (2016), *Global Diagnostic on Groundwater Governance*(《地下水治理全球诊断》)(Rome: FAO).

[2] Peter Rogers, Radhika De Silva and Ramesh Bhatia(2002), "Water Is an Economic Good: How to Use Prices to Promote Equity, Efficiency, and Sustainability"(《水是一种经济产品:如何利用价格促进公平、效率和可持续性》), *Water Policy*(《水资源政策》) 4:1, pp. 1 – 17.

[3] Grafton et al. (2013).

[4] 有关论述,见 Alice Cohen and Seanna Davidson(2011), "An Examination of the Watershed Approach: Challenges, Antecedents, and the Transition from Technical Tool to Governance Unit"(《集水区方法的研究:挑战、先例以及从技术工具到治理单元的转变》), *Water Alternatives*(《水资源的替代选择》) 4:1, pp. 1 – 14. 术语 watershed 和 river basin 在水文上属于不同的单位,但在文献中常常互换使用。例如,正如科恩及戴维森所指出的(p. 1),watershed(集水区)指的是"一块可排入共同水体如湖泊、河流或海洋的地域。在北美地区最常使用术语'watershed'来指称这种地理单位,但在全世界范围内则使用各种不同的称谓,如'river basins'(河流流域)或'catchments'(汇水区)"。同样,美国地质调查局指出:"集水区是一块可将所有的溪流和降雨通过一个共同出口如水库排水口、海湾河口或沿着河道的任何一点排出的区域。"USGS, "What Is a Watershed?"(《什么是集水区》), https://water.usgs.gov/edu/watershed.html, accessed June 15, 2018. 出于术语使用的方便,本书将 river basin(流域)作为河流系统和通过河流排入公共出口的整个流域集水区的简写。换言之,为简单起见,river basin(流域)亦指 watershed(集水区)、drainage basin(排水区)、catchment(汇水区)、catchment basin(汇水盆地)或 catchment area(汇水区域)。严格地说,这是 (转下页)

水资源进行综合管理,且认为水资源综合管理的重点在于将河流和其他性质的地表水资源整体,作为一种恰当的治理单位,以此来决定水资源应如何在多种竞争性的用途方面进行分配。

虽然原则上这似乎是可行的,但沿着水文边界的河流治理在实践上一直是非常困难的。联合国一项针对 134 个国家的调查发现,自 1992 年以来,80% 的国家已经采取并实施了一些旨在改进水资源管理的举措。然而,只有一半的国家表示他们在探索和实施更广泛的机制改革中取得了重大进步。[①] 一部分国家也对这些改革的实施状况表示关心,并关心这些改革措施是否真正改善提升了流域管理状况。[②]

历史上,流域管理大多遵循政治和行政边界划分的原则,而非遵循水文边界。[③] 政府通过国家法律和对国土的管辖权来对次国家行政单位(如省或州、区和县、自治市和城市)行使职能。这些行政单位的管辖权范围往往与河流流域的自然边界不符,河流流域边界往往会跨越数个行政管辖区和政治边界。河流和集水区通常绵延于不同的省、州、区和县之间,并涵盖了许多不同的城市和自治市。

为了克服这些复杂问题,流域管理和规划通常是从国家层面

(接上页)不准确的,因为流域(a river basin)和集水区(a watershed)之间是具有重要的水文差异的。关于这种差异的一种很好的阐释,见 Difference Between, "Difference between River Basin and Watershed"(《"流域"和"集水区"的区别》), http://www. differencebetween. net/science/nature/difference-between-river-basin-and-watershed/(accessed June 15, 2018)。

① UNEP(2012).

② 例如参见 Asit K. Biswas(2008), "Integrated Water Resources Management: Is It Working?"(《水资源综合管理:能够有效吗?》), International Journal of Water Resources Development(《国际水资源开发杂志》) 24:1, pp. 5 – 22; Mark Giordano and Tushaar Shah(2014), "From IWRM Back to Integrated Resources Management"(《从水资源综合治理回到整体性水资源管理》), International Journal of Water Resources Development(《国际水资源开发杂志》) 30:3, pp.364 –76; François Molle(2009), "River Basin Planning and Management: The Social Life of a Concept"(《流域规划与管理:社会生活中的一个概念》), Geoforum(《地球论坛》) 40:3, pp. 484 –94。

③ Frank G. W. Jaspers(2003), "Institutional Arrangements for Integrated River Basin Management"(《流域综合管理的制度安排》), Water Policy(《水资源政策》) 5:1, pp.77 –90; François Molle(2009), "River Basin Planning and Management: The Social Life of a Concept"(《流域规划与管理:社会生活中的一个概念》), Geoforum(《地球论坛》) 40:3, pp. 484 –94.

"自上而下"进行的。事实证明,这些举措很难在不同的国家部门和官僚机构之间得以实施和协调。一方面,水资源多样化的用途和相关的管理部门大多归属于不同的管辖区内。灌溉、工业和市政用水通常由独立的政府部门和官僚机构来管辖。环境领域用水的管辖权可能也分属于不同的行政单位。例如,在美国,水污染是由环保局管理的,水上娱乐和旅游是由内政部门管理的,而内陆淡水渔业则是由野生动物管理局管理的。这些关于水资源使用和管理的不同部门,存在着部门性和行政性的划分,使得综合性的流域管理和全流域性规划的制定变得更为复杂。

　　然而,各国在水资源管理方面也取得了一些进步,并获得了许多重要的经验教训。例如,加拿大数十年来一直在尝试实施流域综合管理。从安大略省开始,加拿大所有的省和地区都已经建立了流域管理机构并制定了流域规划。尽管取得了重大进步,但流域的综合管理仍然面临着重大的挑战:"与世界上许多地方的做法一样,加拿大流域综合管理的实施是将管理责任分散到不同部门中,水资源管理机构需要开展诸如促成建立伙伴关系、协调规划和管理活动、鼓励利益攸关方参与、保证资金安全、监督并报告水资源管理进展情况等方面的工作,并且必要时还需更新并调整计划。"[1]

　　为了应对这些挑战并推动更多的进步,加拿大各地的水资源管理机构一直对其在流域综合管理的实施方面的经验进行评估和比较。卡片5.1概述了加拿大从各地共享的经验中所获得的主要教训。其中所列主要特征和主要挑战,也是所有国家为应对日益严重的水资源短缺和竞争性用水需求,而制定针对流域管理和规划方面制度安排的重要起点。然而,我们必须同样认识到在制定这种制度化安排方面,是不存在单一的最优做法的;相反,正如加

① Dan Shrubsole, Dan Walters, Barbara Veale and Bruce Mitchell (2017), "Integrated Water Resources Management in Canada: The Experience of Watershed Agencies"(《加拿大水资源综合管理:流域机构的经验》), *International Journal of Water Resources Development*(《国际水资源开发杂志》) 33:3, pp. 349 – 59, at p.350.

拿大人所意识到的,"加拿大所有的省和地区都发展出了其特有的方法和治理模式"①。

首先,人们需要做出的一个关键决定是,鉴于目前所面临的挑战,在流域一级建立治理机制和新的制度安排是不是值得的(见卡片5.1)。有些人认为,也许并不总是需要将实行流域综合管理作为解决非流域规模性质的某些具体水资源管理问题的解决方法。②因此,摆在我们面前的一个重要问题是:何时采用全流域管理的方式来管理水资源问题是有用和恰当的,而何时不须采用?

为了回答这个问题,水资源管理专家爱丽丝·科恩(Alice Cohen)和西安娜·戴维森(Seanna Davison)援引了从加拿大所得到的经验教训。③ 其中一个案例位于安大略省,其洪水测绘显示,如果采用基于流域的方法来进行管理,那么就可以更好地控制下游洪水和沉积物对农场财产和农业生产的不利影响。在这种情况下,水文问题的性质决定了解决问题的方式,即如果出现的是整个流域的洪水和破坏,那么全流域性质的管理方式就是适用的。在加拿大各地的河流流域,对河流流域管理标准和方式的重新调整,也有助于改善对一些关键性水资源问题的治理。这些措施包括执行关于饮用水标准的国家指令,以及控制由水体中的磷负荷引起的水体富营养化。

---

① Dan Shrubsole, Dan Walters, Barbara Veale and Bruce Mitchell(2017), "Integrated Water Resources Management in Canada: The Experience of Watershed Agencies"(《加拿大水资源综合管理:流域机构的经验》), *International Journal of Water Resources Development*(《国际水资源开发杂志》)33:3, pp. 349 – 59, at p. 350.

② 例如参见 Mark Giordano and Tushaar Shah(2014), "From IWRM Back to Integrated Resources Management"(《从水资源综合治理回到整体性水资源管理》), *International Journal of Water Resources Development*(《国际水资源开发杂志》)30:3, pp. 364 – 76,其中引用了加拿大和美国共同管辖哥伦比亚河的各种条约,因为条约的重点是提供防洪和水力发电,所以从未讨论过使用"流域规模方法"来管理这两种服务项目以实现两国互利的必要性。

③ Alice Cohen and Seanna Davidson(2011), "An Examination of the Watershed Approach: Challenges, Antecedents, and the Transition from Technical Tool to Governance Unit"(《集水区方法的研究:挑战、先例以及从技术工具到治理单元的转变》), *Water Alternatives*(《水资源的替代选择》)4:1, pp. 1 – 14.

卡片 5.1 流域综合管理:主要特征和挑战

主要特征:

管理单位是按照集水区或流域划分,而不是按照行政或政治单位划分。

关注上游-下游、地表水-地下水、水资源数量-质量间的相互作用。

考虑水资源和其他自然资源及环境之间的相互联系。

关注环境、经济和社会方面因素。

利益相关者积极参与规划、管理和实施,以实现明确的愿景、目标和成果。

主要挑战:

确定适当的集水区或流域边界。

确定针对集水区级别或流域级别上的决策和政策制定机构的相关责任。

地方行政或政治单位(如市、区、县等)适当"扩大",上级单位(如国家、州、省)适当"缩小"。

考察和控制集水区或流域单位以外可能影响其境内区域的所有物理、社会或经济因素,反之亦然。

考察和控制集水区或流域单位以外可能影响其境内区域的所有政策决定,反之亦然。

注:主要特征,见 Dan Shrubsole, Dan Walters, Barbara Veale and Bruce Mitchell (2017), "Integrated Water Resources Management in Canada: The Experience of Watershed Agencies"(《加拿大水资源综合管理:流域机构的经验》), *International Journal of Water Resources Development*(《国际水资源开发杂志》) 33:3, pp. 349 - 59;主要挑战,见 Alice Cohen and Seanna Davidson(2011), "An Examination of the Watershed Approach: Challenges, Antecedents, and the Transition from Technical Tool to Governance Unit"(《集水区方法的研究:挑战、先例以及从技术工具到治理单元的转变》), *Water Alternatives*(《水资源的替代选择》) 4:1, pp. 1 - 14。

尽管加拿大在河流流域综合管理方面的经验可能具有指导意义,但有些人可能认为加拿大的经验并不具有代表性。毕竟,加拿大属于富裕国家,人口相对较少,水资源充足,其境内有足够的水资源以满足各类竞争性的用水需求。气候变化可能会在一定程度上对其淡水资源造成影响,但说起那些正面临全球性水危机的国家,人们几乎不会将加拿大纳入考虑。

然而,在面临更紧迫的水资源问题的时候,包括气候变化造成的威胁,许多国家和地区已尝试改善河流流域的管理和规划。一项2013年的研究评估了四个重要的大型河流流域内,政府在解决水资源短缺问题和改善水资源状况方面的优缺点,包括美国和墨西哥的科罗拉多河、中国的黄河、澳大利亚的墨累-达令河、非洲南部(博茨瓦纳、莱索托、纳米比亚和南非)的奥兰治河流域。[①] 表5.1对主要的调查结果进行了总结。

表5.1 四个主要河流流域的治理模式比较

河流流域	河流长度(千米)	流域面积(1000平方千米)	催化改革因素	主要治理特征
科罗拉多河流域(美国和墨西哥)	2100	622	环境因素	多个管辖区可开展跨流域协调行动;有限使用水资源市场在各州之间和各州内部来分配水资源。
黄河流域(中国)	5464	752	严重干旱	使用单一的流域管理机构来规划和管理所有管辖区内的水资源;中央自上而下的水资源分配。
墨累-达令河流域(澳大利亚)	2589	1061	严重干旱	使用单一的流域管理机构来规划和管理所有管辖区内的水资源;分散行政管理权并广泛使用水资源市场来分配水资源流量。
奥兰治河流域(博茨瓦纳、莱索托、纳米比亚和南非)	2300	973	南非种族隔离制度的终结	多个管辖区可开展跨流域协调行动;有限使用水资源市场来分配水资源流量。

资料来源:Grafton et al.(2013)。

---

① Grafton et al.(2013).

如表 5.1 所示,四个流域的水资源治理情况差异很大。然而,研究者通过开展这项比较研究得出结论,关于流域治理和管理,有五个重要的见解可能对所有国家都有用:

- 危机能够催化改革。
- 需要对淡水生态系统提供的服务进行经济评估,以对选择消耗性使用还是河道使用进行评估。
- 水资源管理计划应当站在促进环境效益的角度,考虑到对于共享性的河流和溪流来说,水资源使用者和河道使用者之间的内在可变性。
- 需要水资源市场和交易,以有利于降低水资源再次分配的成本,提升环境效益,尤其是在河道内流量较低的情况下。
- 随着环境条件、科学知识和社会价值观的变化,全流域管理机构中集中式和嵌套式的水资源治理结构,能够对水资源的分配进行调整,从而为水资源管理做出更大的贡献。

为了进一步说明水资源短缺和竞争性用水给流域综合管理带来的影响,我们将更为详尽地介绍这些较为成功的案例,其中之一便是澳大利亚墨累-达令河流域全流域管理的发展历程。之后我们将探讨世界其他地区的流域管理的案例,有些案例可能并不太成功。

墨累-达令河流域的水资源管理[①]

澳大利亚的墨累-达令河的流域面积仅有 100 多万平方公里。

---

① 以下关于管理墨累-达令河流域的治理和体制发展的讨论有所借鉴,参见 Grafton et al. (2013);R. Quentin Grafton, James Horne and Sarah Ann Wheeler (2016), "On the Marketisation of Water: Evidence from the Murray-Darling Basin, Australia"(《关于水资源的市场化:来自澳大利亚墨累-达令盆地的证据》),*Water Resources Management*(《水资源管理》)30:3, pp. 913 - 26;Barry T. Hart (2016a), "The Australian Murray-Darling Basin Plan: Challenges in Its Implementation(Part 1)"(《澳大利亚墨累-达令盆地计划:实施中的挑战(第一部分)》),*International Journal of Water Resources Development*《国际水资源开发杂志》32:6, pp. 819 - 34;Barry T. Hart (2016b), "The Australian Murray-Darling Basin Plan: Challenges in Its Implementation(Part 2)"(《澳大利亚墨累 (转下页)

其流域内 80% 的土地是农业用地,但其中灌溉农业只占 2%。然而,灌溉农业所使用的淡水占到了该流域 90% 的淡水输送量。此外,每年降水量的波动性很大,干旱频繁,加上气候变化,使得未来的水流量具有很大的不确定性。

近几十年来,由于人口增长、经济活动和城市化的影响,人们所面临的主要挑战是如何对河流流域进行有效的管理,以满足众多竞争性的用水需求。为满足这些用水需求,人们增加了水资源开采量,这也对全球水资源造成压力,人们也日益担心未来将没有足够的水流量来维持必要的淡水生态系统和生物多样性。气候变化、多变的降水量和周期性干旱所带来的威胁,加剧了该流域的水资源短缺。

为了应对这些挑战,数十年来,澳大利亚一直致力于将墨累-达令河流域传统的监管和行政管理性质的取水制度,转变成一种更为自下而上且市场导向驱动的管理过程,并接受全流域性质的管理机构的监督。这种治理转型涉及三种制度安排:

- 在流域一级建立强有力的水资源共享制度;
- 将取水许可转换为应享权利,并将这些许可与土地所有权分离;
- 建立水资源核算、权利登记和行政协议相关的制度,降低水资源交易的交易成本。[1]

改革开始于 20 世纪 60 年代一些试点性的水资源交易项目,并且随着灌溉者和管理者越来越懂得如何交易且收益变得越来越透

(接上页)累-达令盆地计划:实施中的挑战(第二部分)》),*International Journal of Water Resources Development*(《国际水资源开发杂志》)32:6, pp. 835 - 52; James Horne(2014), "The 2012 Murray-Darling Basin Plan: Issues to Watch"(《2012 年墨累-达令盆地计划:值得关注的问题》), *International Journal of Water Resources Development*(《国际水资源开发杂志》)30:1, pp. 152 - 63; Michael D. Young (2014b), "Trading into Trouble? Lessons from Australia's Mistakes in Water Policy Reform Sequencing"(《贸易陷入困境? 澳大利亚在水资源政策改革顺序上的错误教训》), in K. William Easter and Qiuqiong Huang, eds., *Water Markets for the 21st Century: What Have We Learned?*(《21 世纪的水资源市场:我们学到了什么?》)(Dordrecht, Netherlands: Springer), pp. 203 - 14.
[1] Young(2014b).

明，这些试点性的水资源交易项目在 20 世纪 70 年代和 80 年代逐步扩大。然而，水资源贸易的正式开始是在 1996 年，当时对整个流域的每年水资源输送量上限做了规定。改革的另一个催化剂是 2002 年至 2012 年间，该地区出现了长期干旱，从而导致 2007 年该地区成立了独立的全流域管理机构，即墨累-达令流域管理局（Murray-Darling Basin Authority，MDBA）。自那时以来，人们认为扩大水资源贸易计划有助于改善干旱所带来的那些最严重的影响，也证明通过引水再分配的方式来保护河道内的水流量，不仅是可行的，而且有助于那些依赖灌溉的农民及其社区以最低的成本实现灌溉。河漫滩植被、水禽繁殖、本地鱼类种群复苏，加之库容（Coorong）、下湖（Lower Lakes）和墨累河口的恢复，使得流域内的流量随之增加，从而改善了生态系统的服务功能，也为整个流域也带来了众多有益影响。

　　墨累-达令河流域管理的下一个阶段是 2012 年启动流域计划，该计划将分阶段实施到 2024 年。该计划首次对整个流域的地下水年开采量进行了限制。此外该计划还提出了与流域内总地表水调水量相关的"可持续性调水限制"（sustainable diversion limit，SDL）。这不仅可以对每年的总调水量进行限制，而且旨在从 2019 年开始至 2024 年将该年度限制减少 20% 左右。对地表水和地下水的这种"可持续性调水限制"的目的，在于进一步提升水资源的使用效率，通过鼓励人们更多使用水资源贸易，提高整个流域水资源的利用价值。

　　尽管墨累-达令河流域的水资源管理一直较为成功，且有着宏大的目标，但墨累-达令河流域在改善流域的综合管理上仍然面临一些挑战：一方面，人们担心针对地表水和地下水抽取的"可持续性调水限制"没有充分考虑到气候变化对流域的潜在水文影响。[1]

---

① Barry T. Hart（2016b），"The Australian Murray-Darling Basin Plan：Challenges in Its Implementation（Part 2）"（《澳大利亚墨累-达令盆地计划：实施中的挑战（第二部分）》），*International Journal of Water Resources Development*（《国际水资源开发杂志》）32：6，pp.835 - 52；James Horne（2014），"The 2012 Murray-Darling Basin Plan：Issues to Watch"（《2012 年墨累-达令盆地计划：值得关注的问题》），*International Journal of Water Resources Development*（《国际水资源开发杂志》）30：1，pp.152 - 63.

另一方面,地方政府和墨累-达令流域管理局之间持续性的政治冲突表明,并不是所有参与方都能完全配合当下的流域规划,在重要管辖权的协调方面,墨累-达令河流域的管理仍然需要克服诸多挑战。[①]

最后,正如澳大利亚经济学家和水资源规划师迈克尔·杨(Michael Young)所指出的,尽管其他国家和政府可能从墨累-达令河流域管理的治理和机制安排的转变中获得重要和有价值的见解,但也能得到两个重要的警示。[②] 一是改革的代价高昂。澳大利亚联邦政府投资数十亿美元,对墨累-达令河流域进行体制改革,平均到每位灌溉者大概为 75 万澳元。二是改革过程的顺序进展并不是很理想。尽管在 2012 年流域计划中就引入了"可持续性调水限制"来减少水资源的过度使用,试图纠正这一疏忽,但事实上在 1990 年代后期水资源贸易刚开始时,就应同时对水资源的抽取量进行控制。

其他地区的流域管理

如表 5.1 所示,奥兰治河流域,特别是该河在南非境内的流域,也进行了水资源管理改革。最近的评估表明,治理转型的时间已经延长,治理结果喜忧参半。[③]

---

① Barry T. Hart(2016a),"The Australian Murray-Darling Basin Plan: Challenges in Its Implementation (Part 1)"(《澳大利亚墨累-达令盆地计划:实施中的挑战(第一部分)》),*International Journal of Water Resources Development*《国际水资源开发杂志》32:6, pp. 819 – 34; Barry T. Hart(2016b), "The Australian Murray-Darling Basin Plan: Challenges in Its Implementation(Part 2)"(《澳大利亚墨累-达令盆地计划:实施中的挑战(第二部分)》), *International Journal of Water Resources Development*(《国际水资源开发杂志》) 32:6, pp. 835 – 52; James Horne(2014), "The 2012 Murray-Darling Basin Plan: Issues to Watch"(《2012 年墨累-达令盆地计划:值得关注的问题》), *International Journal of Water Resources Development* (《国际水资源开发杂志》) 30:1, pp. 152 – 63.
② Young(2014b).
③ 例如参见 Grafton et al. (2013); Elke Herrfahrdt-Pühle(2014), "Applying the Concept of Fit to Water Governance Reforms in South Africa"(《将"适合(Fit)"的概念应用于南非的水治理改革》), *Ecology and Society*(《生态和社会》) 19:1, p. 25; Richard Meissner, Sabine Stuart-Hill and Zakariya Nakhooda(2017), "The Establishment of Catchment Management Agencies in South Africa (转下页)

1999 年,南非政府曾计划发起成立 19 个集水区管理机构(catchment management agency,CMA),2012 年减少到 9 个。到目前为止,只有两个集水区管理机构尚在运行,其余 7 个则仍处于筹备中。这些机构的管辖边界以流域集水区为基础,并且与州和地方政府传统的行政管辖权存在重叠。

集水区管理机构数量减少的原因有:新治理制度的可行性不足;国家和当地政府有关市政和农业用水管理方面存在冲突;财政资金不足;缺乏足够的管理技术和领导能力。到目前为止,仍在运作中的集水区管理机构已在尝试克服这些障碍,但提升全流域机制改革的进程一直较为缓慢。政府已经引入水资源贸易的形式,但水资源贸易遭到了严格的限制和地方化改造。集水区管理机构与地方和州政府之间的管辖权问题仍然令人担忧。

一个重要挑战是,集水区管理机构如何将单个流域内管理水资源和控制水资源过度使用的目标,与为公众提供清洁水资源和改善水资源卫生状况的国家总体目标相适应。南非能够获得基础水资源和卫生服务的人口比例,已经从 1994 年的 59% 提升到了 2005 年的 83%,这是因为国家在公共基础设施和供应方面进行了大量的投资,从而增加了市政和家庭用水供应量。[①] 随着南非经济和人口的增长,农业、市政和工业领域在用水方面的需求都会增长,同时为了维持淡水生态系统的运转和生物的多样性,相关机构还需保证河道内具有足够的水流量。目前尚不清楚集水区管理机

（接上页）with Reference to the Flussgebietsgemeinschaft Elbe: Some Practical Considerations"（《南非易北河流域管理机构的建立：一些实践考虑》）, in Eiman Karar, ed., *Freshwater Governance for the 21st Century*（《21 世纪淡水资源治理》）(London: SpringerOpen), pp. 15 - 26; Barbara van Koppen and Barbara Schreiner(2014), "Moving Beyond Integrated Water Resource Management: Developmental Water Management in South Africa"（《超越水资源综合管理：南非的发展性水资源管理》）, *International Journal of Water Resources Development*（《国际水资源开发杂志》）30:3, pp. 543 - 58。

① Barbara van Koppen and Barbara Schreiner (2014), "Moving Beyond Integrated Water Resource Management: Developmental Water Management in South Africa"（《超越水资源综合管理：南非的发展性水资源管理》）, *International Journal of Water Resources Development*（《国际水资源开发杂志》）30:3, pp. 543 - 58.

构在各自的集水区内管理这些具有竞争性的用水需求时,会扮演怎样的角色或者具备怎样的整体性权威。

在拉丁美洲和加勒比地区,人们对河流流域管理的意愿日益增强。然而,在拉丁美洲,只有巴西和墨西哥制定了法律和机制框架,用以建立流域管理组织并将其作为水资源管理的基础。[①] 到目前为止,很难确定这些组织与现有的联邦、州级和地方司法机构相比,在解决水资源短缺的关键性问题和矛盾方面发挥了何种成效。相比之下,在加勒比地区实施流域管理的尝试已被证明是成功的。[②] 其中最引人注目的举措是解决了国家和社区层面主要利益相关方所关心的具体问题,这也使人们重新对流域和沿海地区的管理产生了兴趣。难以具备充足的资金,似乎是相关体制和治理向全流域管理转变过程中需要应对的最关键的障碍。

2000 年通过的《欧盟水框架指令》(WFD)是世界范围内实施全流域水资源管理的最具雄心的努力之一。[③] 然而,事实证明,在涉及众多利益相关方的欧洲,对水资源治理进行重新调整是较为困难的。一方面,《欧盟水框架指令》要求水资源管理和规划必须在流域一级内开展,让公众更多地参与决策;另一方面,《欧盟水框架指令》还批准了一项自上而下的监管战略,即在提升水质和改善

① Cecilia Tortajada(2001), "Institutions for Integrated River Basin Management in Latin America"(《拉丁美洲地区流域综合管理机构》), *International Journal of Water Resources Development*(《国际水资源开发杂志》) 17:3, pp.289-301.
② Adrian Cashman(2017), "Why Isn't IWRM Working in the Caribbean?"(《为什么水资源综合管理无法在加勒比海地区成功?》), *Water Policy*(《水资源政策》) 19:4, pp.587-600.
③ Frank Hüesker and Timothy Moss (2017), "The Politics of Multi-Scalar Action in River Basin Management: Implementing the EU Water Framework Directive(WFD)"(《流域管理中多尺度行动的政治:实施欧盟水框架指令》), *Land Use Policy*(《土地利用政策》) 42, pp.38-47; Richard Meissner, Sabine Stuart-Hill and Zakariya Nakhooda (2017), "The Establishment of Catchment Management Agencies in South Africa with Reference to the Flussgebietsgemeinschaft Elbe: Some Practical Considerations"(《南非易北河流域管理机构的建立:一些实践考虑》), in Eiman Karar, ed., *Freshwater Governance for the 21st Century*(《21世纪淡水资源治理》)(London: SpringerOpen), pp.15-26; Nikolaos Voulvoulis, Karl Dominic Arpon and Theodoros Giakoumis (2017), "The EU Water Framework Directive: From Great Expectations to Problems with Implementation"(《欧盟水框架指令:从高期望到执行中出现的问题》), *Science of the Total Environment*(《总体环境科学》) 575, pp.358-66.

环境方面严格遵循欧洲整体标准。

不幸的是,《欧盟水框架指令》中的这两个主要目标之间是存在内在冲突的,这也对欧洲采用有效的全流域管理形成阻碍。水质法规是从《欧盟水框架指令》颁布时就开始执行的,早于流域管理计划得到充分实施并产生效益之前。这导致大量利益相关者,即在欧洲许多流域从农民到地方官员之间出现了大范围的离心倾向,人们普遍认为《欧盟水框架指令》是欧盟委员会超越其行政权力开展工作的又一例子。一些欧洲国家选择通过传统行政单位和集中决策的方式进行集水区管理。正如一项研究所得出的结论,这导致"失去了地方一级有效执行政策的作用,因为更为集中化的机制管理只关注于水资源管理浅层次的一体化。即使对以往已开展过集水区管理的成员国来说,朝向《欧盟水框架指令》这种更为一体化和更强调参与性的原则进行政策转变,也是较为困难的"①。要想实现其中颇具抱负的水质目标也被证明是非常困难的。在《欧盟水框架指令》的第一阶段,即从 2009 年到 2015 年,欧洲境内能够达到"良好"生态标准的地表水体数目仅增加了 10%,至今欧洲仍有 47% 的地表水体是低于这一"良好"标准的。②

尽管《欧盟水框架指令》遇到了此类困难,但对于欧洲的一些河流流域来说,水资源的治理已出现一些转变。例如,在德国莱茵河的伍珀(Wupper)河子流域,有证据表明"从地方到国家的各级公共部门,在应对新的水利标量制度时,并不仅仅是防御性地采取增加其所属地区的管辖权的方式,而是积极地参与跨级别的合作,并

---

① Nikolaos Voulvoulis, Karl Dominic Arpon and Theodoros Giakoumis(2017),"The EU Water Framework Directive: From Great Expectations to Problems with Implementation"(《欧盟水框架指令:从高期望到执行中出现的问题》),*Science of the Total Environment*(《总体环境科学》)575, pp.358—66.
② Nikolaos Voulvoulis, Karl Dominic Arpon and Theodoros Giakoumis(2017),"The EU Water Framework Directive: From Great Expectations to Problems with Implementation"(《欧盟水框架指令:从高期望到执行中出现的问题》),*Science of the Total Environment*(《总体环境科学》)575, pp.358—66.

致力于开发新的影响途径以及跨标量治理的新模式"①。希望这些全流域范围水资源管理成功转变的案例,能为整个欧洲和世界其他地方流域管理的进一步发展提供宝贵的借鉴。

地下水治理

全球地下水治理的改革是制度改革方面的一项重要挑战(见卡片 5.2)。考虑到这种淡水资源发现于地表以下很深的地方——通常需要深入地下并通过大量钻探才能开采到——很难确定有多少淡水资源是可以利用的,人们会以多快的速度使用完这些水资源,这些地下水资源会以多快的速度进行补给。同样,目前还不清楚人们倾倒或泄漏了的哪些污染物是会对水资源造成污染的。

然而,全球对地下水的依赖程度正在增加。在过去的 50 年里,全球地下水开采量增加了 4 倍。今天,全球 36% 的饮用水、42% 的农业灌溉用水以及 24% 的工业用水是由地下水资源提供的。现在,世界范围内超过 10 亿的城市居民以及众多的农村居民的用水供应中包含地下水。② 不幸的是,虽然技术进步使得提取和使用地下水比以往任何时候都更容易,但这种形势对地下水资源治理也产生了影响。

> **卡片 5.2　地下水治理:主要特征和挑战**
>
> **主要特征:**
> 国家对地下水资源的水况和使用情况进行必要的监测和评估。

---

① Frank Hüesker and Timothy Moss (2017) , " The Politics of Multi-Scalar Action in River Basin Management: Implementing the EU Water Framework Directive(WFD)"(《流域管理中多尺度行动的政治:实施欧盟水框架指令》), *Land Use Policy*(《土地利用政策》) 42 , pp. 38 – 47.
② Groundwater Governance(2015) , *Shared Global Vision for Groundwater Governance 2030 and a Call-for-Action*(《2030 年地下水治理全球共同愿景和行动呼吁》), available at http://www. groundwatergovernance. org/fileadmin/user _ upload/groundwatergovernance/docs/GWG _ VISION _ EN. pdf(accessed June 22, 2018).

需要针对地下水资源的抽取和保护,建立明确的所有权和用户权利制度,无论其是私有还是公有性质的。

不应对地下水资源进行单独管理,而应将地下水与其他水资源放在一起进行联合管理。

应同时对地下水的数量和质量进行管理,并使之与对周围景观和河流的利用相协调。

需要协调国家和地方政府之间对于地下水的规划和管理。

地下水的规划和管理,应与其他部门,如农业、能源、卫生健康、城市和工业发展以及环境部门的工作相结合。

主要挑战:

地下水资源的分布范围和补给率往往无法明确,并且监测和评估的费用较高。

地下水资源的水质受到诸多污染源扩散的影响,如农业径流、城市地区暴雨水流、海水入侵、废弃物垃圾场、有毒物质的地下储存。

使用权和所有权往往定义不清。

缺乏有效的监管和法律框架来控制地下水的使用和水质的保护。

缺少部门间针对地下水使用的政策协调,如农业政策与环境政策之间、农作物生产与地下水保护之间、工业使用和有毒废弃物处理等这类关系之间的政策协调。

注:主要特征,见 Marguerite de Chaisemartin, Robert G. Varady, Sharon B. Megdal, Kirstin I. Conti, Jac van der Gun, et al. (2017), "Addressing the Groundwater Governance Challenge"(《应对地下水治理的挑战》), in Eiman Karar, ed., *Freshwater Governance for the 21st Century*(《21世纪淡水资源治理》)(London: Springer Open), pp. 205 – 27;主要挑战,见 Groundwater Governance(2016), *Global Diagnostic on Groundwater Governance*(《地下水治理全球评估》), March, available at http://www. groundwatergovernance. org/ fileadmin/user _ upload/groundwater-governance/docs/GWG_ DIAGNOSTIC. pdf(accessed June 22, 2018)。

　　大多数国家的地下水治理是从传统的"占有规则"发展而来的。根据这一规则,土地的所有者,在其所有土地下发现了地下水,就具有开采和使用该处地下水的权利,并可将这些地下水用于任何目的。如果仅仅是使用手工或有限的机械方式挖井取水,那么就几乎没有必要去改变地下水的私有属性和使用者权限。然而,现代的"水利建设任务",尤其是钻井技术、管道井和抽水技术的发展,已经切断了土地所有权与地下水开采权之间的联系。随着社会发展的需要,人们要使用更多的水资源并采用更为先进的钻井和抽水方法,个人和社区对地下水进行控制和使用模式已经过时了。例如在发展中国家,农村地区家庭用水、小规模农业和畜牧业饲养方面,仍然普遍沿用传统的"占有规则",但当需要利用公共基础设施项目开采地下水,以大规模供应于市政、工业和农业使用时,则该原则不适用。

　　因此,现在世界上包括欧洲、拉丁美洲、非洲、亚洲和大洋洲在内的大部分地区,大多数国家的地下水资源是由国家合法拥有的,而非属于私人土地所有者或社区。对地下水资源的管理责任通常被分配给国家或次国家一级的公共部门,并且,地下水的水质通常会受到单独的监管框架和机构的制约。[1]

　　然而,在一些国家,特别是日本、斯里兰卡和美国,私有性质的地下水所有权或使用权仍然占主导地位。在美国,私人土地所有者对其地下水资源的控制程度是因州而异的,主要有四种不同的原则:占有原则(无限抽取),合理使用原则(受到责任条件限制的抽水权),相关权利原则(在水资源稀缺的情况下,抽水权受到所拥有土地面积大小的限制),先占原则(优先使用权高于初级抽水权)。有关地下水的监测和执法主要是由国家机构负责的,有时也

---

[1] Groundwater Governance(2016), *Global Diagnostic on Groundwater Governance*(《地下水治理全球评估》), March, available at http://www.groundwatergovernance.org/ fileadmin/user _ upload/ groundwatergovernance/docs/GWG_ DIAGNOSTIC. pdf(accessed June 22, 2018).

会由地方机构分担部分责任。[1]

　　建立有效的地下水所有权制度(无论是公有还是私有性质),对于改善水资源的管理都是必要的,但我们在这方面所进行的努力才刚刚开始(见卡片 5.2)。对地下水的水质和体量进行监测定级,是确定一个国家地下水资源状况的重要任务。此外,考虑到地表水和地下水之间的水文联系以及考虑到对水质的保护,针对地下水资源所制定的法律框架可能会相较于其他水资源有较大的不同。最后,国家和地方政府层面需要就地下水的规划和管理进行协调,也需要与其他经济部门,如农业、能源和工业部门之间进行协调。

　　总的来说,全球在地下水资源的治理上似乎有三个需要应对的共同优先事项:地下水资源的水质和污染、使用者之间的冲突、地下水日益枯竭的状况。[2] 如果人们希望设计相关的治理制度和机制以克服这些挑战,则需要具备充足的资金、透明的监管、广泛联系的信息系统、有利于相互学习借鉴且具备多级参与性的政策制定过程等这些要素。制度安排应当是强有力的,以建立起明确的权力和规则界限,同时应具备足够的灵活性,以适应环境、经济和社会条件

① Groundwater Governance(2016), *Global Diagnostic on Groundwater Governance*(《地下水治理全球评估》), March, available at http://www. groundwatergovernance. org/ fileadmin/user _ upload/groundwatergovernance/docs/GWG_ DIAGNOSTIC. pdf (accessed June 22, 2018). 又见 Sharon B. Megdal, Andrea K. Gerlak, Robert G. Varady and Ling-Yee Huang(2015), "Groundwater Governance in the United States: Common Priorities and Challenges"(《美国的地下水治理:共同的优先事项和挑战》), *Groundwater*(《地下水》) 53:5, pp. 677 - 84.

② Marguerite de Chaisemartin, Robert G. Varady, Sharon B. Megdal, Kirstin I. Conti, Jac van der Gun, et al. (2017), "Addressing the Groundwater Governance Challenge"(《应对地下水治理的挑战》), in Eiman Karar, ed., *Freshwater Governance for the 21st Century*(《21 世纪淡水资源治理》)(London: Springer Open), pp. 205 - 27; Dalin et al. (2017); Famiglietti(2014); Christine J. Kirchhoff and Lisa Dilling(2016), "The Role of U. S. States in Facilitating Effective Water Governance under Stress and Change"(《在压力和变化下美国各州在促进有效水资源管理中的作用》), *Water Resources Research* (《水资源研究》) 52:4, pp. 2951 - 64; Groundwater Governance (2016), *Global Diagnostic on Groundwater Governance* (《地 下 水 治 理 全 球 评 估》), March, available at http://www. groundwatergovernance. org/ fileadmin/user_upload/groundwatergovernance/docs/GWG_ DIAGNOSTIC. pdf(accessed June 22, 2018); Sharon B. Megdal, Andrea K. Gerlak, Robert G. Varady and Ling-Yee Huang(2015), "Groundwater Governance in the United States: Common Priorities and Challenges"(《美国的地下水治理:共同的优先事项和挑战》), *Groundwater*(《地下水》) 53:5, pp. 677 - 84.

所出现的变化。针对水资源的管理还需要具备能够在各司法管辖区和部门之间进行统筹规划和责任分配的资源和能力。

对地下水资源建立可靠的监测和评估是有效治理地下水资源的起点。在荷兰,国家政府是有责任维护国内地下水资源的水质和抽水监测网络的,而各省负责区域和地方一级地下水资源管理。① 因此,各省负责进行初始监测,跟踪主要淡水含水层内地下水位层级。国家监测网络的覆盖率尚不够广泛,无法监测较小范围内的、变化性较高的和较浅的地下水位层级和水质,因此各省还会使用额外的水井来进行监测。各省还会对所有持有许可证的地下水取水井的抽水率进行登记。

负责管理城市地区地下水位层级的市政部门实行了二级网络管理,以监测面临风险最大的浅表含水层的地下水开采和水资源质量。政府还鼓励地下水使用者和环境组织建立自己的监测网络,并且所有的利益相关者都应将他们获得的发现录入国家地下水数据库内,并可向公众公布。目前,该数据库包含了大约 7 万个监测井以及超过 13.6 万份地下水样本的观测数据。这些监测数据随后会被国家级、省级和地方级别上所有与地下水治理和管理有关的利益相关者共享使用。

地下水的公有化并不是实施治理改革的必要条件。近年来,美国的两个情况截然不同的州,马里兰州和得克萨斯州的地下水治理改革,都是在不改变地下水所有权和使用权私有性质的前提下取得了重大的进展。② 在这两个州内,周期性的干旱

---

① 以下关于荷兰的讨论来自 Marguerite de Chaisemartin, Robert G. Varady, Sharon B. Megdal, Kirstin I. Conti, Jac van der Gun, et al. (2017), "Addressing the Groundwater Governance Challenge"(《应对地下水治理的挑战》), in Eiman Karar, ed., *Freshwater Governance for the 21st Century*(《21 世纪淡水资源治理》)(London: Springer Open), pp.205 – 27。

② 以下关于得克萨斯州和马里兰州的讨论来自 Christine J. Kirchhoff and Lisa Dilling(2016), "The Role of U. S. States in Facilitating Effective Water Governance under Stress and Change"(《在压力和变化下美国各州在促进有效水资源管理中的作用》), *Water Resources Research*(《水资源研究》)52: 4, pp.2951 – 64。

和人们争抢获取地下水供应的压力,是改善地下水治理和机制的动力。

在得克萨斯州,地表水是按照先占原则分配的,而地下水则是按绝对支配权(如占有原则)支配的。国家立法机关向得克萨斯州水资源开发委员会(TWDB)赋予权力和财政资源,以监管水资源并开发地表水和地下水管理模式,从而对整个州的水资源分配进行规划。在经历了持续的干旱之后,同时考虑到石油和天然气开采中水力压裂技术(通常称为"液压破裂法")对水资源的影响,得克萨斯州对正在进行中的水资源规划工作,做了进一步的调整与修改。从2007年到2012年,国家立法机关启动了新的地下水管理和规划机制,授权得克萨斯州水资源开发委员会收集更多用水数据,并针对可用水资源和截至2050年的需求制定了五年期水资源规划。这一具备适应性的水资源规划框架,也鼓励地方水资源管理者和利益相关者参与进来,这反过来又有助于地方水资源长期性的管理和规划的改善与提升。此外,现在得克萨斯州将这些项目是否与整个州的水资源规划目标和提议相一致,作为资助这些地方水资源项目的评判依据。然而,得克萨斯州改善地下水治理的最大障碍,仍然是私人使用和用水冲突对政府进一步开展水资源管理所造成的阻力,以及水资源抽取对依赖地下水的生态系统所造成的环境影响。

在马里兰州,各县负责州内水资源规划,而州政府机构则会从马里兰州各地的钻井中收集数据和监测信息,以供各县在制定水资源规划时使用。这些数据也有助于为该州水资源使用量高和用水压力高的地区的密集建模提供信息。能够对私人地下水使用进行监管的主要工具是许可证程序,这也来自监管程序所提供的信息。地下水开采许可证的签发采用定期更新制度。这种定期更新制度能够通过许可证的续期进行定期调整,以符合地下水管理的总体规划。例如,马里兰州对其沿海平原地下含水层的监测和建模的信息,就可被用来为新的地下水许可需求的批准提供依据,还可通过审查现有的许可证状况以改善对含水层的全面管理。许可证项目实现了对数据和报告的持续监测,也帮助该州在 2007 年干旱时期实现了对地下水状况的有效监测。从那时起,马里兰州引入了"安全干旱系数",有效地通过新的许可证签发和定期更新制度为地下水抽取总量设定了更严格的开采上限。

经验教训

改革治理和机制以应对日益严重的水资源短缺和竞争日益激烈的用水需求所带来的挑战,对于我们对抗全球性的水危机来说是至关重要的。然而,正如我们在本章中所看到的,体制改革或许难以实施,因其不仅耗资巨大,而且需要时间。为了应对所有的这些水资源挑战,我们可能并不需要让传统行政性的水资源抽取制度,像墨累-达令河流域水资源管理案例中的那样,彻底转变为自下而上的全流域水资源管理机制。同样,正如美国得克萨斯州和马里兰州的案例中所体现的,在改善水资源的管理和规划的同时,也没有必要对地下水进行完全的公有化改革。水资源的管理若想取得成效,必须采用能够最有效解决地方、区域和国家层面各类水资源稀缺和需求问题的治理方式和机制。并且,这些治理方式和机制也必须具有灵活性,特别是需要考虑到诸如竞争日益激烈的用水需求、气候变化、淡水生态系统保护等令水资源治理压力越来越大的各类因素。①

正如我们在下一章所将看到的,改善水资源治理和机制方面所面临的最大挑战,也许是人们需要克服水资源长期定价过低的问题。在没有充足的水资源供应以满足日益增加的用水需求的时

———————
① 例如参见 Olmstead(2014)。

候,对需求端进行管理就必须成为优先选项。因此,良好的水资源治理和机制,必须始终鼓励更有效和可持续利用水资源的方式,从而减少现有水资源供应的压力。这些只能通过更有效的水资源定价来实现。

终结水资源定价过低

在世界水资源日益稀缺的情况下,水资源长期定价过低是实现高质量水资源管理的一大障碍。为什么稀缺而珍贵的水资源一直处于非常糟糕的管理之下——这一失败正是水悖论的核心所在。

人们越来越认识到这种状况需要改变。几乎所有国家都在进行定价改革,并鼓励水资源交易市场的出现。但是,这些改革尝试中的绝大多数仍没有正视现代"水利建设任务"的主要管理范式,按照这种管理范式,水资源的短缺总是能够通过开发出新的水资源供应源来解决。只要这种观点一直存在,水资源定价和交易将一直被边缘化,也很难对缓解水资源短缺产生影响。[1] 简而言之,缺乏合适的水资源交易市场、定价模式和相关政策,是水资源管理方面出现全球水危机的关键症结所在。

然而,水资源的定价是有争议的,并且要为一种长期定价过低的资源重新设计并实施一种新的市场交易机制,这对水资源管理

---

① Young(2014a).

来说将是一项非常大的挑战。但水资源短缺的日益严重和水资源危机所带来威胁的日益增多,意味着我们是时候采取措施来应对这一挑战,并将价格和市场作为水资源管理新范式的基础了。

正如我们在前几章中所看到的,现代"水利建设任务"产生的主要驱动力是大规模满足人们对水资源相关的需求,通常是通过政府资助建造大型资本项目的方式,实现为人们提供航行、控制洪水、灌溉农业,提供水力发电以及为城市提供供水和卫生服务。[1] 水资源服务相关的基础设施,多属于资本密集度高且固定成本较高的项目,且需要通过规模经济才能发挥优势,这些都决定了其需要大量融资和投资。为了满足人们新的用水需求而对这些供水设施进行扩建,这种方式也正变得越发困难且代价高昂。[2] 为了减少水资源的使用并鼓励节约用水,人们有时会引入行政性的水资源定价和收费制度。然而,这些水资源价格和收费标准,往往都是远低于水资源的供应成本的,并且这种对灌溉、卫生用水以及其他水资源相关服务的过低定价,会导致大量低效、不可持续的水资源使用,甚至导致水资源使用不平等的后果。[3] 供水成本还应考虑到水资源基础设施投资和使用的相关行为会对社会和环境造成损害而产生的成本,包括人类活动对淡水生态系统的威胁、人类污染对水质产生的损害以及人们对地下水资源的开采消耗等这些行为所产生的影响。然而,这些额外影响很少为人们所考虑到。

本章探讨了水资源市场和定价机制的改革,是如何对终结水资源定价过低的现状产生影响的。长期以来,水资源市场被认为是最

---

[1] 正如第三章所述,这一"水利建设任务"始于 19 世纪后几十年和 20 世纪初的美国,此后一直为世界各地所采用。有关美国历史和经验的较出色的概述,见 Griffin(2012)。

[2] Hanemann(2006), pp. 61 – 91; Sheila M. Olmstead(2010a), "The Economics of Managing Scarce Water Resources"(《管理稀缺水资源的经济学》), *Review of Environmental Economics and Policy* (《环境经济学与政策评论》)4:2, pp. 179 – 98.

[3] R. Quentin Grafton(2017), "Responding to the 'Wicked Problem' of Water Insecurity"(《应对水资源不安全的"邪恶问题"》), *Water Resources Management*(《水资源综合管理》)31:10, pp. 3023 – 41; Rogers et al.(2002); Olmstead(2010a).

为有效的水资源再分配方式之一,尤其是在水资源日益稀缺且用水需求日益增多的情况下。随着世界范围内水资源短缺的加剧,人们也日渐重视寻找能够降低水资源消耗的方式,并尝试将节约下来的水资源分配到具有更高价值的用途上。正如世界各地许多案例所显示的那样,运作良好的水资源市场和贸易交往能够促进水资源的保护和再分配。① 在本章,我们将对其中一些案例研究进行探讨,说明人们在如何最有效地利用水资源市场以促进更好地管理和分配稀缺水资源供应方面所获得的经验和教训。人们还需要进行其他相关定价改革,以改善水资源的管理、控制水资源的过度使用并节约水资源。这些措施包括:对水资源及其相关卫生服务进行更有效的定价;提升发展中国家提供清洁水资源和卫生设施服务的成本效益;使用经济手段管理水质和污染,并且减少或取消对那些会导致过度用水的灌溉和其他农业用水的补贴政策。

开创水资源市场

卡片 6.1 中的案例就利用水资源市场作为节约用水的一种方式,并且更重要的是,该案例实现了将水资源从低价值的利用方式(如灌溉)转向高价值的利用方式(如市政领域和工业领域用水)。

在世界许多地区,历史上的水权通常意味着农民在某个地区

---

① 例如参见 Frank J. Convery(2013), "Reflections: Shaping Water Policy—What Does Economics Have to Offer?"(《反思:制定水资源政策——经济学能提供什么?》), *Review of Environmental Economics and Policy*(《环境经济学与政策评论》) 7:1, pp. 156 - 74; Peter Debaere, Brian D. Richter, Kyle Frankel Davis, Melissa S. Duvall, Jessica Ann Gephart, et al. (2014), "Water Markets as a Response to Scarcity"(《以水资源市场回应水资源短缺》), *Water Policy*(《水资源政策》) 16:4, pp. 625 - 49; Ariel Dinar, Victor Pochat and José Albiac-Murillo, eds. (2015), *Water Pricing Experiences and Innovations*(《水价经验与创新》)(Cham, Switzerland: Springer); K. William Easter and Qiuqiong Huang, eds.(2014b), *Water Markets for the 21st Century: What Have We Learned?*(《21 世纪的水资源市场:我们学到了什么?》)(Dordrecht, Netherlands: Springer); R. Quentin Grafton, Gary Libecap, Samuel McGlennon, Clay Landry and Bob O'Brien(2011), "An Integrated Assessment of Water Markets: A Cross-Country Comparison"(《水资源市场综合评估:跨国比较》), *Review of Environmental Economics and Policy*(《环境经济学与政策评论》) 5:2, pp. 219 - 39; Olmstead(2010a); Young(2014a)。

首先宣称具有灌溉用水权利。农民的用水成本主要是抽水、运输和灌溉田地时使用的能源费用。人们通常不会支付他们所使用的水资源本身的成本费用。因此,如图 6.1 所示,农民的灌溉成本,通常远低于附近城市中工业和市政用水的成本。向城市供水需要在管道和水资源分配网上进行大量的投资,还需要为连接每个住宅、企业或公司并供应不同数量的水资源投资。灌溉用水与市政及工业用水之间的成本差异,是开展水资源贸易的基础。① 农民可以把多余的水资源卖给城市地区,这样城市就可以买到更为便宜的水资源。市政和工业用水者也会从购买水资源的交易中获得收益,因为他们可以以更低的价格支付用水成本,同时增加消费支出。农民也能够从出售多余水资源的贸易中获取收益,并且在使用水资源进行灌溉时也会更有效率,因为现在水资源具备了更高的机会成本——任何被浪费的水资源现在都能以更高的价格卖给城市来获取收益。

如果开创水资源交易市场,使水资源低价值使用者(如灌溉)能够向高价值使用者(如市政和工业用水)出售水资源,这对两方来说是"双赢"的,为什么我们没有看到这种市场在各地普及呢?

几十年来,众多经济学家和水资源政策专家一直都在询问这一问题。人们得出的普遍共识是——机制、市场和政策失灵等众多问题阻碍了水资源交易市场的建立。若能解决这些问题,不仅对于促进水资源市场的发展,而且对于终结水资源定价过低的局面来说,都是至关重要的。根据经济学家兼水资源政策专家弗兰克·康佛瑞(Frank Convery)的观点,世界水权制度的现状是普遍性的制度失败,且这种水权制度仍倾向于将水权与土地所有权相

---

① 例如参见 Jedidiah Brewer, Robert Glennon, Alan Ker and Gary Libecap(2008),"Water Markets in the West: Prices, Trading, and Contractual Forms"(《西方的水市场:价格、交易和合同形式》),*Economic Inquiry*(《经济调查》)46:2, pp.91–112。该研究发现美国西部农业对农业水资源租赁中间价为每1000立方米 8 美元,而农业对城市水资源租赁中间价为每 1000 立方米 32 美元。

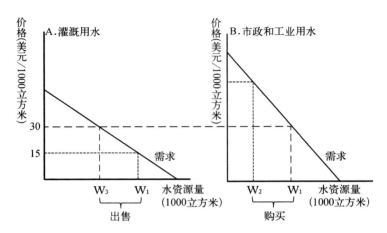

图 6.1　水资源交易的收益

　　由于历史上的水权,灌溉农民首先宣称具有灌溉用水权利,并且拥有充足的水资源供给。他们消耗 W_1 量的水,而只需支付每 1000 立方米 15 美元。附近城市的市政和工业用水用户消耗 W_2 量的水,却支付每 1000 立方米 60 美元。如果农民只向城市用户出售 1000 立方米水,那么净收益将达到 45 美元。农民将继续出售水,并减少灌溉用水,直到灌溉用水与市政和工业用水的价格相同,达到每 1000 立方米 30 美元。按照这个价格,灌溉农民将出售 W_1—W_3 量的水,城市用户将购买这些水并将消耗量从 W_2 增加到 W_4。市政和工业用户受益,因为他们以更低的价格消耗更多的水。农民们似乎以更高的价格消耗了更少的水,但他们也可以通过向城市出售 W_1—W_3 量的水来获得可观的收入。较高的灌溉价格也激励农民在灌溉农业中提高用水效率。

联系。[①] 这种制度下的水权是直接与河岸管辖权相联系的,也就是说所有的土地所有者,若其土地与某个水体是相连的,或者其所有土地之下具有地下水资源,那么该土地所有者也有权"合理"使用这些水资源。因此,这种制度下的水权,只能通过与其相毗邻的土地所有权的转让才能实现转让。

　　若依据先占原则确定水资源的所有权,似乎水权是与土地所有权相分离的,但实际上水资源从一个部门(如农业)向另一个部门(如工业和市政部门)进行贸易的活动也是受到抑制的。[②] 回顾

---

① Convery(2013).
② 见 Libecap(2011),pp.64–80。该报告描述了优先占用水权的原则的存在如何导致目前在美国西部难以建立水资源市场,从而将水资源从灌溉农业重新分配给其他更高经济价值的用途,也让人们能够更灵活地应对该地区出现的气候变化、周期性干旱和其他水文不确定性情况。关于气候变化对水资源管理影响的政策性回应的整体性综述,见 Olmstead(2014)。

一下,在先占原则下,那些最先宣称占有水资源的人拥有对该水资源的最高权利,或称"高级所有权",而随后宣称占有的人拥有对该水资源的次级优先权,或称"初级所有权"。这种所有权制度的问题在于,其政策是有利于稀缺水资源的历史"第一使用者"的,而世界上绝大部分国家和地区往往都是灌溉农业最先使用水资源的。尽管水资源没有与土地挂钩,也因此水资源能够独立于土地而被出售或者租赁,但水资源交易往往都是在现有的高级和初级水权所有者之间,并且都是以农业灌溉为目的的交易,新的水资源使用者,如附近城市、新兴工业领域,或希望维持内河流量的水上娱乐领域和环境保护领域中的水资源使用者们,则很难获得水权。因此,新的水资源使用者实际上被排除在这些水资源贸易之外。先占原则在法律事实上似乎能够将水权和土地所有权相分离,但在实践过程中,很少有农民和牧场主愿意将他们的水资源出售或租赁给外界的水资源使用者,除非他们想要结束其农业经营。相反,农民和牧场主还希望尽可能多地使用他们的水权,以免"失去"这些权利。这不仅会导致水资源使用效率低下并过度用水,也会削弱水权所有者出售过剩的水资源的动机。而干旱、气候变化和其他的水文不确定性情况则又会加剧这种情形。

若想促进水资源市场的发展,纠正某些用水领域人为造成水价过低的情况,关键在于确保水权与土地所有权和土地使用相关的政策决定之间是完全分离的。正如康佛瑞所说,"若想让水价能够反映水资源的稀缺性,可通过政府宣称其具有对水资源事实上的所有权,并代表公众向各类水资源使用者收取水资源使用费,或者通过对水资源所有权进行改革创新,允许水资源独立于土地资源进行交易,这些交易过程中的水资源价格,能够在一定程度上纠正市场失灵的状态"。

交易成本

在组织和参与某个市场或执行某种新的政府政策或规则的时候,需要事先废除以往那种将水资源与土地相联系的所有权制度,并克服其他各种阻碍水资源市场建立的因素,人们在此过程中所付出的成本,也属于额外产生的众多行政性和其他类成本支出中的一部分。经济学家将这些额外支出称为**交易成本**。[1]

如卡片 6.1 所示,在创建水资源市场和交易上存在着相当大的交易成本障碍。例如,自然经济学家希拉·奥姆斯特德(Sheila Olmstead)在对相关文献进行研究后指出,在建立水资源市场过程中,有三种类型的交易成本尤其高:确定和匹配有意愿的买方和卖方的检索成本;将水资源从卖方运送到买方所需要的实体基础设施投资成本;订立并执行合同以及获取监管许可方面的法律成本。[2]

此外,正如经济学家劳拉·麦卡恩(Laura McCann)和威廉·伊斯特尔(William Easter)所指出的那样,与创建水资源市场相关的全部交易成本,都被嵌入成本增加的层次结构中:"市场交易取决于市场制度的发展,而市场制度又取决于现有的法律制度。"[3]在

---

[1] 例如参见 Edward B. Barbier (2011b),"Transaction Costs and the Transition to Environmentally Sustainable Development"(《交易成本和向环境可持续发展的转型》),*Environmental Innovation and Societal Transitions*(《环境创新与社会转型》)1:1, pp. 58 – 69; Kerry Krutilla (1999),"Environmental Policy and Transactions Costs"(《环境政策与交易成本》), in Jeroen C. J. M. van den Bergh, ed., *Handbook of Environmental and Resource Economics*(《环境与资源经济学手册》)(Cheltenham, England: Edward Elgar); Laura McCann, Bonnie Colby, K. William Easter, Alexander Kasterine and K. V. Kuperan (2005),"Transaction Cost Measurement for Evaluating Environmental Policies"(《评估环境政策的交易成本计量》), *Ecological Economics*(《生态经济学》)52:4, pp. 527 – 42。

[2] Olmstead(2010a).关于在创建水资源市场和交易中出现大量交易成本的深入研究,见 Laura McCann and K. William Easter (2004),"A Framework for Estimating the Transaction Costs of Alternative Mechanisms for Water Exchange and Allocation"(《水资源交换和分配替代机制交易成本估算框架》),*Water Resources Research*(《水资源政策研究》)40:9。

[3] McCann and Easter(2004), p. 2。

创建市场的过程中,不仅在制定交易计划的时候会产生交易成本,而且为了使这些计划能够发挥作用,还需要具备补充性的且会不断增加的市场保障支出,以及配套必要的法律和监管行为。因此,建立水资源市场的总交易成本会非常高。

卡片 6.1　创建水资源市场和交易相关的交易成本障碍

● 未能很好构建、量化水资源所有权和水资源使用权,并将其与土地资源相分离。

● 未能进行水资源所有权登记,人们也未能很好地获得关于水资源交易的相关信息。

● 未能建立相关的组织或管理机制,以确保被交易的水资源能够运送到买方或购买群体中。

● 运输水资源的基础设施不够灵活,无法将水资源重新输送到新的所有者那里。

● 未能建立有效的机制,为非直接参与水资源出售的相关方在水资源出售过程中所产生的损失提供"合理"的保护。

● 未能建立有效的机制,以解决水资源所有权和水资源使用权变更过程中所产生的冲突。

资料来源:Barbier(2011b)。

例如,将买方和卖方相联系并进行匹配所付出的检索成本,是创建水资源交易市场所要面对的一项重要且巨大的交易成本。但为了使这一市场建立起来,还需要建造新的供应基础设施,以将水资源从卖方运送给买方,这可能需要更多的投资支出。最大的成本支出可能来自订立并执行合同、将土地所有权与水资源所有权分离、依据相关法律制度获得监管许可的这些过程中。要使水资源市场和交易能够成功运作,人们就必须克服这些成本支出领域的障碍;因此,与创建这种水资源市场相关的总交易成本,将包含

所有的检索成本、投资成本以及在克服众多监管和法律障碍的过程中所付出的成本。

　　由于建立水资源市场的交易成本很高,因此,使用水资源市场向新的公共用途领域分配水资源以使众多个体和企业能够受益的模式,在当下能为人们所采用的可能性更低。例如,保护环境和开展水资源相关的娱乐和旅游项目需要使用水资源来维持内河流量,但这些新的用水领域就很难获得其所需要的水资源。[①] 特别是在富裕国家,这类新出现的"非消耗性"用水领域,正与灌溉、饮用水供应、工业和其他类型的"消耗性"的抽水和用水领域相竞争。现在,许多能创造高价值收益的活动,越来越多地使用非消耗性用水,如与水资源相关的娱乐、观光和商业活动。也有越来越多的环境保护组织开始筹集大量资金来保护内河流量。然而,在过去,建立和发展水资源交易市场意味着要付出高昂的交易成本,于是人们所采用的是早先使用的其他类型的水资源分配机制,这种旧的分配机制无法将水资源引导转移至非消耗性用水领域或促进对内河流量的保护。例如,在美国,这种水资源权利的再分配,通常出现在行政转让时、依据法律所执行的水权没收和水权放弃程序时、公共机构行使征用权时、违反现有水资源分配法律时、针对水资源冲突和水权主张的法律解决过程中,以及对大型水利工程进行重新设计规划的时候。[②]

　　尽管在建立有效的水资源市场方面遇到了这些困难,但在一些国家和地区,水资源市场的发展已显现出其有助于减少水资源的过度使用和缓解水资源短缺的潜力了。然而,即使在这些成功

[①] 有关交易成本如何影响美国西部哥伦比亚河流域环境效益市场化分配的全面性分析,见 Dustin Garrick and Bruce Aylward(2012),"Transaction Costs and Institutional Performance in Market-Based Environmental Water Allocation"(《环境用水市场化分配中的交易成本和制度绩效》),*Land Economics*(《土地经济学》) 88:3, pp.536-60。

[②] Bonnie Colby(1990),"Enhancing Instream Flow Benefits in an Era of Water Marketing"(《在水营销时代提高河流流量效益》),*Water Resources Research*(《水资源研究》) 26:6, pp.1113-20。

的案例中,一些重要的障碍和挑战仍然存在。因此,研究澳大利亚
(墨累-达令河流域)、智利、美国西部和其他国家及地区在创建水
资源市场过程中的经验和教训,对于全世界来说都是具有指导意
义的。

澳大利亚墨累-达令河流域[①]

如前一章所述,墨累-达令河流域位于澳大利亚,其流域面积
为 100 多万平方公里。在过去的几十年间,墨累-达令河的流域管
理已经从传统的监管和行政指令式的取水制度,过渡到了一种更
倾向于自下而上且以市场为驱动的管理过程上,并由全流域性质
的管理部门进行监督。水资源治理方面改革的一个主要目标,就
是通过将开采水资源的权利与土地所有权相分离、降低其他抑制
交易的交易成本,来促进水资源市场的发展。

永久性和临时性的水权买卖从 20 世纪 80 年代中期以来就已
经开始了。总的来说,人们认为这些水资源市场交易在将水资源

---

① 以下关于在墨累-达令河流域创建水资源市场的讨论,参考了 Henning Bjornlund and Jennifer McKay(2002),"Aspects of Water Markets for Developing Countries: Experiences from Australia, Chile, and the US"(《发展中国家水市场面面观:澳大利亚、智利和美国的经验》), *Environment and Development Economics*(《环境与发展经济学》)7:4, pp. 769 - 95; Debaere et al. (2014); Dustin Garrick, Stuart M. Whitten and Anthea Coggan(2013), "Understanding the Evolution and Performance of Water Markets and Allocation Policy: A Transaction Costs Analysis Framework"(《理解水资源市场和分配政策的演变和特征:一种交易成本分析框架》), *Ecological Economics*(《生态经济学》)88, pp. 195 - 205; R. Quentin Grafton and James Horne(2014), "Water Markets in the Murray-Darling Basin"(《墨累-达令河流域的水资源市场》), *Agricultural Water Management*(《农业水资源管理》)145, pp. 61 - 71; Grafton et al. (2011); Grafton et al. (2016); Barry T. Hart(2016a), "The Australian Murray-Darling Basin Plan: Challenges in Its Implementation(Part 1)"(《澳大利亚墨累-达令盆地计划:实施中的挑战(第一部分)》), *International Journal of Water Resources Development*(《国际水资源开发杂志》)32:6, pp. 819 - 34; Barry T. Hart(2016b), "The Australian Murray-Darling Basin Plan: Challenges in Its Implementation(Part 2)"(《澳大利亚墨累-达令盆地计划:实施中的挑战(第二部分)》), *International Journal of Water Resources Development*(《国际水资源开发杂志》)32:6, pp. 835 - 52; James Horne(2014), "The 2012 Murray-Darling Basin Plan: Issues to Watch"(《2012 年墨累-达令盆地计划:值得关注的问题》), *International Journal of Water Resources Development*(《国际水资源开发杂志》)30:1, pp. 152 - 63; S. Wheeler, A. Loch, A. Zuo and H. Bjornlund(2014), "Reviewing the Adoption and Impact of Water Markets in the Murray-Darling Basin, Australia"(《澳大利亚墨累-达令河流域水资源市场应用和影响评估》), *Journal of Hydrology*(《水文学杂志》)518:A, pp. 28 - 41; Young(2014b)。

引导分配到其最高使用价值领域、帮助农民克服长期干旱和其他水文风险、改善环境质量和实现其他社会目标等方面取得了一定成功。水资源交易也能够促进农业领域的节约用水,并鼓励节水技术创新的产生。

墨累-达令河流域水权的主要买主和卖主是灌溉者,占流域内淡水资源交易者的 90%。其水资源交易的方式主要有两种类型:水资源分配市场和水权市场。第一种是在每一个灌溉季节里水权持有者用其所分配到的实际水资源量所进行的交易,第二种是对整个水权的买卖。这两种类型的交易都始于 1994 年,也正是在那个时候水权正式从土地所有权中分离出来。近来,人们对地表水总量设置全流域上限的措施不仅有利于控制水资源短缺的状况,也有助于刺激水资源的交易。

那些主要种植树木、葡萄树和经营果园的农民,往往成为水资源分配和所有权的买方,因为他们所种植的作物需要的水资源量最少。因此,那些主要种植高价值多年生植物的农民往往在水资源方面支付最多,也仅仅会在水资源的价格非常高的情况下才会出售自己所拥有的水资源。相比之下,如果水资源的价格较低,奶农们通常会保有其水资源分配权并用这些水资源来灌溉牧草,但是随着水资源价格的上涨,出售水资源所带来的利润更大。为了追逐出售水资源所带来的高额利润,牧民们会选择放弃将水资源用于牧草饲料的灌溉并采用购买饲料的方式来饲养牲畜。如果水资源价格较低,稻农和棉农们也会倾向于保留他们的水资源,甚至还会在价格处于低位时买进更多的水资源,但随着水价的上涨,他们会放弃农作物种植并选择将水资源进行出售以获取更多利润。对于园艺农户来说,在市场上购买水资源的分配权,主要是作为一种降低风险的策略,农户们使用这种策略,以减少备用水资源供应不足而导致经济收入的不稳定和其自身在应对干旱时的脆弱性。

因此,对于灌溉用水者来说,水资源市场和交易的出现能够提高水资源的使用效率,有助于引导水资源从低价值的农业使用领域转移到高价值的农业使用领域,并且提升了农业在应对周期性干旱时的恢复能力。墨累-达令河流域内绝大多数依靠灌溉农业的农民们现在都正积极参与水资源交易,许多人相信这种水资源市场是有利于他们所从事的经济活动的,并且可以降低风险、促进节约用水。

　　然而,拥有水权的农民和非农业用水者(如煤炭、制造业、电力生产或者甚至城市地区的水资源使用者)之间,关于水资源的交易越来越少。联邦政府大量购买了灌溉用水者所持有的水权,主要是为了维持内河水流量,以保护环境并限制人们对流域内水资源的总抽取量。这种交易主要是通过政府反向招标的形式,使农民自愿将水权出售给政府而实现的:政府向农民购买这些本用于灌溉的水权。现在政府购买这种水权,不仅可以有效减少人们对全流域的水资源抽取量,也似乎成功减轻了近期严重干旱对该地区造成的恶劣环境影响。大多数接受调查的农民表示这种水权售卖没有对他们的利润收入造成影响,绝大多数表示他们对能够出售水权的政策决定感到满意,并且希望这一政策能够保持下去。

　　经济学家昆廷·格拉夫顿(Quentin Grafton)和詹姆斯·霍恩(James Horne)在对墨累-达令河流域水资源市场进行广泛研究的基础上,认为可以从墨累-达令河流域的水资源市场的发展案例中归纳出 12 个方面的经验教训,这些经验教训能够为世界其他地区建立或改善这类市场提供借鉴。表 6.1 对此做了总结。

表 6.1　来自澳大利亚墨累-达令河流域水资源市场的主要经验

主要经验	描述
危机可能会促进改革	严重干旱、整个经济领域对价格改革的兴趣、人们意识到水资源的使用是有限的,这些因素刺激了水资源市场的建立。
水资源市场能够提升地区的恢复力	通过水资源交易,整个流域的农业和环境恢复能力有所提高。

续　表

主要经验	描述
政治和行政领导是至关重要的	澳大利亚政府一直是水资源市场改革的重要推动者,包括与各州政府开展合作,共同修订涉及水资源治理和分配权的相关行政条例。
设置抽水上限能够有效提升水资源的使用效率并有利于水资源的可持续使用	1995 年在监测和执法部门的支持下,政府对地表水开采设定了总上限或者说限制,这也是发展和扩大水资源交易的关键。
制定水资源管制框架有利于水资源的交易	通过在流域内进行水资源的存储、有节制并有管控地进行放水,能够有效促进上游买方和下游卖方之间的水资源交易,并且使下游买方能够在需要时及时使用从上游卖方那里购买到的水资源。
可靠的、方便获取的和及时性的市场信息可以促进有效决策	澳大利亚政府在提升和改善水资源信息收集和法规方面投入了大量的资金,这些举措有助于提升市场效率且有助于监测。
法律权利具有灵活性	水权与土地所有权是分开的,属于法定权利,是能够不经法院判决而进行变更的权利。
市场运作能够提升环境保护效果	政府向农民购买水权所带来的影响,是增加了上游支流的末端流量和河道内总体流量,这对于减轻干旱所带来的环境影响是至关重要的。
通过回购的方式向环境补给水资源被证明是有效的	政府出于保护环境的目的而购买水权被证明是比向农民进行补贴要更为节省成本,并且这种方式似乎更有助于促进经济的发展而非阻碍经济发展。
水资源价格是可以反映水资源短缺和风险状况的良好指标	水资源分配价格倾向于能够反映出干旱和水资源短缺的情况,当水资源季节性短缺的时候,水价会上涨,当水资源充足的时候,水价就会下跌。水权价格也反映了人们对水资源需求的变化以及对预期风险的看法。
从全流域性和地方性视角进行管理是具有重要作用的	若要发展出跨越州界的水资源市场,就需要从流域整体出发进行管理规划,并将各州和地方的利益关切纳入考虑。
有效监测和控制水资源开采,对水资源的可持续性发展是至关重要的	地表水总开采上限的引入,在初期产生了一些预期之外的负面影响,因为其使人们开始转向于开采地下水,随后通过加强对地下水进行监测和控制,纠正了这一行为。

　　资料来源:R. Quentin Grafton and James Horne(2014),"Water Markets in the Murray-Darling Basin"(《墨累-达令河流域的水资源市场》),*Agricultural Water Management*(《农业水资源管理》)145,61-71。

智　利[①]

智利通常被誉为最先建立大规模水资源交易市场的国家之一。1981 年,智利通过了国家水法,确立了水资源具备独立于土地所有权的自由交易权,并且这些水权是可以像智利各地的私有财产一样被买卖、租赁和抵押的。然而,大多数的水资源交换位于智利的中央山谷地区,在那里交易多发生于市政府、工业和农业部门之间。水资源的使用权也会根据水资源的消耗性和非消耗性用途而分类设定。例如,非消耗性的水资源使用权被设定为能够促进水力发电,并需要用水者在使用后将水资源返还回河流中,而农业、市政和工业领域中消耗性的水资源使用权,则允许用水者完全使用水资源,并且无须返还水资源。一项额外挑战是,所有的水权都受到民事私法的管辖,它们是完全私有的,并且水权所有者并没有义务去主动使用他们的水权,也不会因为未使用水权面对任何法律或者经济惩罚。

智利河流和运河的大部分直接管理工作是由其国内 4000 多

---

① 以下关于智利创建水资源市场的讨论,参考了 Carl J. Bauer(2005),"In the Image of the Market: the Chilean Model of Water Resource Management"(《市场形象:智利的水资源管理模式》), *International Journal of Water*(《国际水资源杂志》)3:2, pp. 146 - 65; Carl J. Bauer(2013),"The Experience of Water Markets and the Market Model in Chile"(《智利水资源市场经验和市场模式》), in Josefina Maestu, ed., *Water Trading and Global Water Scarcity: International Experiences*(《水资源交易和全球水资源短缺:国际经验》)(Abingdon, England: RFF Press), pp. 130 - 43; Henning Bjornlund and Jennifer McKay(2002),"Aspects of Water Markets for Developing Countries: Experiences from Australia, Chile, and the US"(《发展中国家水市场面面观:澳大利亚、智利和美国的经验》), *Environment and Development Economics*(《环境与发展经济学》)7:4, pp. 769 - 95; Convery(2013); Debaere et al.(2014); Guillermo Donoso(2013),"The Evolution of Water Markets in Chile"(《智利水资源市场的演变》), in Josefina Maestu, ed., *Water Trading and Global Water Scarcity: International Experiences*(《水资源交易和全球水资源短缺:国际经验》)(Abingdon, England: RFF Press), pp. 111 - 29; Grafton et al.(2011); Robert R. Hearne and Guillermo Donoso(2014),"Water Markets in Chile: Are They Meeting Needs?"(《智利的水资源市场:它们是否能满足人们的需求?》), in K. William Easter and Qiuqiong Huang, eds., *Water Markets for the 21st Century: What Have We Learned?*(《21 世纪的水资源市场:我们学到了什么?》)(Dordrecht, Netherlands: Springer), pp. 103 - 26; Robert R. Hearne and K. William Easter(1997),"The Economic and Financial Gains from Water Markets in Chile"(《智利水资源市场的经济和金融收益》), *Agricultural Economics*(《农业经济学》)15:3, pp. 187 - 99。

家个人用水协会负责的。尽管这些协会能够在促进水资源交易方面发挥重要的作用,但大多是提供信息,往往没有足够的技术能力,并且成员之间也无法实现长期有效的沟通。如在利马里谷(Limarí Valley)的一些地区,协会一直以来都积极推动灌溉农民之间的水资源交易。然而,总的来说,这些协会在开创和发展智利的全国性水资源市场方面的作用还是有限的。此外,智利也缺少针对地下水管理的协会。

由于智利缺乏对水资源市场的监督和监控,市场上出现了投机性囤积水资源使用权的现象。这种情况尤其发生在水力发电这种非消耗水权方面。2005 年智利实行了相关的改革,采取向不使用水权的水权所有者收取费用的措施,从而减少了这种囤积居奇的现象。智利还采取了一些其他措施来减少水资源交易中的扭曲现象并降低交易成本,包括提供水资源交易的咨询服务、推出可以进行电子交易的互联网平台等。然而,中央政府在支持并推动水资源市场发展方面付出的努力仍然较少,例如促进基本信息公开、建立监控和执行机构等。

尽管土地和水权在法律上是相分离的,许多农民仍然不愿意单独交易他们的水权,只有在出售他们的土地的时候才愿意将水权一齐出售。此外,智利蓬勃发展的农业经济也使灌溉使用的水资源价值一直保持在较高水平,这也降低了许多农民想要将水资源出售给非农业用水者的动机。此外,即使他们拥有多余的水权,很多农业用水者也不愿意出售这些水权,因为他们认为持有这些水权可以应对可能发生的干旱。这些因素也解释了为什么智利的水资源市场仍然由农业部门中的贸易部主导。此外,诸如农村与城市地区之间的水资源贸易也会受到限制,主要是因为缺乏足够的基础设施进行远距离输水,而城市地区自身的水资源供应大体上能够保持充足。

正如卡尔·鲍尔(Carl Bauer)所观察到的,智利水资源市场看起来并不是完全成功的,其主要是因为政府在促进、规划和管理水资源方面仅发挥了有限的作用。实际上,智利建立了一个权利下放的法律制度以促进私有性的水资源贸易,即不制定相应的行政和治理结构,让市场成为水资源管理的工具,以调控人们对水资源竞争性的需求并对水资源的稀缺性产生影响。鲍尔认为,智利的做法产生了两大经济效益:

> 第一,私有产权这一法律保障,鼓励了农业和非农业用水领域的私人用水投资。第二,能够买卖水权的自由,使得水资源能够被分配到特定的需水地区和特定的用水情形中……然而,虽然水资源市场能够获得这些收益,但与当下的水资源管理相直接联系的这套法律、监管和宪法框架,已被证明不仅是僵化和难以变革的,而且无法应对处理流域管理、水资源冲突,甚至环境保护等这类复杂问题。[1]

美国西部地区[2]

美国的西部地区主要是干旱和半干旱地区,其大部分河流和

---

[1] Carl J. Bauer(2005), "In the Image of the Market: the Chilean Model of Water Resource Management"(《市场形象:智利的水资源管理模式》), *International Journal of Water*(《国际水资源杂志》)3:2, pp.146-65, at p.160.

[2] 以下关于在美国西部创建水资源市场的讨论,参考了 Barbier and Chaudhry (2014); Henning Bjornlund and Jennifer McKay (2002), "Aspects of Water Markets for Developing Countries: Experiences from Australia, Chile, and the US"(《发展中国家水市场面面观:澳大利亚、智利和美国的经验》), *Environment and Development Economics*(《环境与发展经济学》)7:4, pp.769-95; Brewer et al. (2008); Craig D. Broadbent, David S. Brookshire, Don Coursey and Vince Tisdell (2017), "Futures Contracts in Water Leasing: An Experimental Analysis Using Basin Characteristics of the Rio Grande, NM"(《水租赁中的期货合同:基于新墨西哥州格兰德河流域特征的实验性分析》), *Environmental and Resource Economics*(《环境与资源经济学》)68:3, pp.569-94; David S. Brookshire, Bonnie Colby, Mary Ewers and Philip T. Ganderton(2004), "Market Prices for Water in the Semiarid West of the United States"(《美国西部半干旱地区水资源市场价格》), *Water Resources Research*(《水资源研究》)40:9; Convery(2013); Peter W. Culp, Robert Glennon and Gary Libecap (2014), *Shopping for Water: How the Market Can Mitigate Water Scarcity in the American* (转下页)

其他水资源都能被充分利用。在大多数西部州,这种水资源的使用仍然主要在于农业,灌溉占淡水总抽水量的80%。同样,这个地区的农业对国家经济也是至关重要的。加州自身生产的农业品价值接近450亿美元,其产值占美国蔬菜、水果和坚果总产值的一半。

但近几十年来,美国西部本就稀缺的淡水资源,因其他领域用水需求的增加而面临更大的压力。美国西部最干燥的地区也是美国最大和发展速度最快的大都市区和工业区。来自水坝的水力发电约占13个西部州总发电量的25%。最近的干旱和持续的用水压力,导致许多西部河流,包括科罗拉多河、希拉(Gila)河、格林(Green)河、克拉马斯(Klamath)河、圣华金(San Joaquin)河等河流,因流域内恶劣的环境条件而被宣布为该国"最濒危"的河流。例如,在可预见的将来,科罗拉多河流域水资源使用的需求将持续增加且超出流域的水资源供应量。科罗拉多河流域目前可支持4000多万人的水资源使用,并可支持超过16000平方公里的灌溉农业,流域内生产总值至少占美国国内生产总值的四分之一。[①]

要想满足美国西部日益增长的市政、工业、娱乐和环境领域的用水需求,唯一的解决办法就是将农业用水重新分配出去。当下已经出现了一些令人鼓舞的迹象,即水资源市场正开始在水资源的重新分配过程中发挥一定作用。一项针对1987年至2005年间12个西部州水资源市场化的研究发现,水资源从农业转移到城市

(接上页)West(《购买水资源:市场是如何缓解美国西部水资源短缺的》)(Washington, DC: Hamilton Project); Debaere et al. (2014); Dustin Garrick, Stuart M. Whitten and Anthea Coggan (2013), "Understanding the Evolution and Performance of Water Markets and Allocation Policy: A Transaction Costs Analysis Framework"(《理解水资源市场和分配政策的演变和特征:一种交易成本分析框架》), Ecological Economics(《生态经济学》) 88, pp. 195 – 205; Christopher Goemans and James Pritchett(2014), "Western Water Markets: Effectiveness and Efficiency"(《西部水资源市场:有效性和效率》), in K. William Easter and Qiuqiong Huang, eds., Water Markets for the 21st Century: What Have We Learned?《21世纪的水资源市场:我们学到了什么?》)(Dordrecht, Netherlands: Springer), pp. 305 – 30; Grafton et al. (2011); Griffin(2012); Olmstead(2010a)。
① 此类关于美国西部各类水资源使用的估计,见 Culp et al. (2014)。

过程中的平均价格,要高于水资源在农业生产者之间转移的价格。① 因此,相较于短期和长期的租赁,水权销售和水资源从农业向城市转移的现象正变得越来越普遍。此外,城市化增长率最高的州似乎也是水资源交易最多的地区。

然而,人们也普遍认识到,现有的机制、法律条件以及农业作为水资源"第一使用者"的主导地位,是有碍于水资源市场在美国西部进行拓展和水资源从低价值用水领域向高价值用水领域转移的,如城市和工业消耗用水、环境保护和娱乐活动相关的用水领域。例如,经济学家克里斯托弗·戈曼斯(Christopher Goemans)和詹姆斯·普里切特(James Pritchett)曾指出,三层法律制度的状况限制了美国西部水资源的再分配。② 对于横跨美国西部各州的许多河流而言,每个州能够从每条河流中所分配到的水资源量很大程度上是通过内部协议来决定的。每个州内的水资源使用主要是通过先占原则来进行分配的。如前所述,这种水资源分配模式下,灌溉者向其他领域水资源使用者(如工业、市政或环境目的用水者)出售"水权"的行为仍然是受到抑制的。此外,鉴于联邦水利项目在整个西部地区占据优势地位,因此,大多是与这些大型水利项目相关的灌溉区,来负责建设、交付和维护这种向农民分配灌溉用水的网络系统。在许多情况下,合法的水权以及使用权是属于整个区而非农民个体的。如果灌溉区不允许农民自由租赁或出售所分配给他们的水资源,那么农民就应当遵守这一限制。因此,正如经济学家加里·利贝卡所言,西部各州中,先占原则和灌溉区负责这两种制度的结合,"鉴于当下气候变化日益频繁,并且出现更多新的用水需求和更大的供应不确定性,不利于将水资源市场交易

---

① Brewer et al. (2008).

② Christopher Goemans and James Pritchett (2014), "Western Water Markets: Effectiveness and Efficiency"(《西部水资源市场:有效性和效率》), in K. William Easter and Qiuqiong Huang, eds., *Water Markets for the 21st Century: What Have We Learned?*(《21世纪的水资源市场:我们学到了什么?》)(Dordrecht, Netherlands: Springer), pp.305 – 30.

向农业以外的领域有效推进。事实上,通过回流外部性的加剧以及弱化产权并在水资源使用和分配政策上使用行政决定,这些做法实际提高了水资源交易的成本"①。

除了这两项制度限制,西部各州的水资源市场还受到其他一些复杂的程序性和监管性要求的阻碍。表 6.2 概述了由这些法律原则所产生的一些关键交易费用。

尽管在建立水资源市场方面仍然存在一定的困难,但越来越多的西部州开始尝试使用水资源市场的方式管理水资源。如前所述,水资源市场模式增多的主要刺激因素似乎是用于灌溉的水价与用于市政、工业和城市等高价值用途的水价之间的价格差距越来越大。一些不同的州和地区正在尝试各种各样的新交易机制,包括尝试直接或间接所有权转让的方式。直接转让包括购买实际水权,而间接转让指的是用水者购买灌溉区或其系统内的股份,从而获得水资源,并且灌溉区持有总水权。此外,当卖方将水权出租给其他用户的时候,他们仍保留着未来使用的权利。这通常通过水资源供应协议、一年或多年出租合约和水资源银行来实现。

水资源银行的功能类似于常规银行,通过持有许多卖家所供应的水权,成为水权集中交换的场所,然后寻找潜在用户并向其供应水资源。他们实际上拥有水权储蓄库,水权储蓄者可以将他们拥有的水权存储进去,直到其决定使用他们的水权,或者想要出租、赠予或将他们的水权出售给其他使用者时便可动用。水资源银行可以公布一个固定价格,以保证购买者和出售者之间的透明度,或者通过拍卖的方式处理水资源。他们还可以通过节约用水以及将多余的水资源保留起来的方式,汇集水资源,以便日后干旱时使用,并且行政州和地方项目也能够在干旱和其他水资源短缺的时候控制水资源使用。

———————————
① Libecap(2011),p. 76.

表 6.2 阻碍美国西部水资源市场建立的法律原则和交易成本

法律原则	描述	交易成本
附属原则	在法律上,水权与特定的土地所有权相联系。	水资源从一个使用地到另一个使用地的分割和转移必须遵循特定的程序。
不损害初级使用者权益原则	只有在水权所有者证明其试图开展的水资源转让不会损害其他众多初级水权持有者权利的时候,地表水的转让才能获得许可。	通过延长转让过程,并增加水权转让的不确定性,而对水资源市场产生了抑制作用。
反投机原则	申请转让水资源者需要详细指出水资源转让出去的新地址,以及转让水资源的目的和用途。	增加了交易成本,因此抑制了水资源的转让。
有益使用原则	要求所有的水资源必须用于有益的目的;任何被视为没有遵循这种有益原则的用水都可能会终止或被没收水资源的使用权。	促使水权所有者为了避免永久性地丧失水权,每年尽可能多地用水,而不会关心用水效率的高低和这种用水可能带来的潜在后果。
回收水原则	禁止水资源使用者用其节约下来的水资源谋利,因为这些水将供其他水权所有者使用。	催生过度用水,因为这种情况下节约用水的农民和其他各方无法将节约下来的水资源用于出租或者出售。
开放性的获水原则	未有效规范或限制水资源(尤其是地下水)的使用,这意味着水资源获得和使用都是不受限制的。	很大程度上阻碍了水资源市场的发展,因为与购买或租赁水资源的方式相比,希望用水的人们能够通过获取免费地下水的方式来得到水。

资料来源：Culp et al. (2014)。

新墨西哥州的圣达菲市和亚利桑那州是在利用水资源银行方面更有前景的两个地区。① 2005 年,圣达菲市要求开发商提供足够的水权,以覆盖大都市地区商业、住宅、工业或其他领域项目开发所需的水量。开发商开始从农民手中购买水权,并将其存入一家由城市运营的水资源银行。当项目建设启动的时候,开发商就能够从水资源银行中提取出足够的水权,以满足与建设项目相关的水资源使用。这样,获取满足城市进一步发展所需的水资源费用

---

① 这两个案例来自 Culp et al. (2014)。

就会被纳入新项目开发的费用。如果该项目被搁置或者取消,那么银行的水权还可以被出售给其他开发商和水资源使用者。圣达菲市还制定了一项积极的水资源保护计划,即采用水资源使用分级定价的办法,当城市居民的用水量超出正常用水量的时候,单位水资源的价格就会上升。自 1995 年以来,水资源银行、水资源节约项目、水资源分级定价方法相结合的这一系列水资源管理举措,已经使圣达菲市的人均用水量减少了 42%。

美国西部的亚利桑那州也一直尝试使用水资源银行的方式,尤其是在地下水控制领域。亚利桑那州允许市政、工业和其他水资源使用者向水资源银行存储他们的水资源,银行则可以将水资源转给其他用户,而这些储户则可以获得日后使用这些水资源的抵免权。亚利桑那州的一个独特之处在于,该州将储存于地下含水层的自然水资源也纳入了这个信用计划。亚利桑那州的法律已对该州几处最重要含水层的地下水使用进行了限制,这有助于这类水资源银行的推行,州法律加上其他的法律法规,使地下水储存信贷的建立和回收成为可能。亚利桑那州水资源银行中地下水信贷模式和用水控制举措,也促进了地表水的贸易,因为水资源用户无法使用"免费"的地下水作为购买和出售水资源的替代品。① 因此,各类市政利益部门、水资源提供者和私营方之间出现了大量的地表水和地下水交易。

---

① 相关解释,如 Culp et al.(2014),p.24,在美国西部,人们未能控制对地下水无限制的"开放式汲取",这对建立水资源市场的建立是极为不利的:"一些国家未能有效规范地下水的使用,导致出现持续开放式获取资源问题,产生诸如大范围生态退化、财产损失,以及对土地和地表水领域私有产权的持续性侵蚀……此外,开放式获取地下水极大地阻碍了水资源市场(不仅包括地下水且也包括其他水资源)的发展,因为潜在的水资源用户往往可以选择使用免费的地下水,来替代以付费形式获得虽更具可持续性但相对来说也更昂贵、稀缺且供应受到严格限制的地表水。因此,对地下水的开放性使用阻碍真正水资源市场的发展,扭曲了我们支付的价格水平。"

其他地区和国家

与澳大利亚、智利和美国的经验相比，欧洲的水资源市场仍相对不发达。西班牙是一个例外，该国的水资源交易始于 1999 年，其仿效了加利福尼亚州市场的发展模式，部分原因在于西班牙和加利福尼亚州的地理和气候条件相似。[①] 然而，西班牙的水资源市场仅取得了有限成功，并且由于未能有效应对缓解 2006 年至 2008 年间干旱造成的水资源短缺而广受批评。这种失败很大程度上是由于政府在促进水资源市场发展的时候未能发挥关键作用。换言之，西班牙的水资源市场也许曾受到过加利福尼亚模式的启发，但实际上类似于我们先前讨论过的智利"自由放任"式的水资源市场管理模式。特别是政府的不作为，未能有效管理、监督和促进水资源市场的发展，也许解释了水资源市场交易量少的原因，以及水资源市场在西班牙只是用作管理水资源使用和分配的一种附属方式的原因。

尽管世界上其他地区和国家还有许多尝试水资源市场的例子，但我们所讨论过的例子，也许是迄今为止水资源市场发展最为发达且为众人所熟知的案例。正如威廉・伊斯特尔和黄秋琼所强调的："水资源市场往往建立在那些水资源短缺、政府管理效率相对较好且具备健全法律制度的国家中。这或许有助于解释为什么澳大利亚、美国西部、西班牙和智利能够建立正式水资源市场。最大的问题在于，面临水资源日益短缺状况的这几个国家和其他国家，能否使

[①] 见 Javier Calatrava and David Martínez-Granados（2017），"The Limited Success of Formal Water Markets in the Segura River Basin，Spain"（《西班牙塞古拉河流域正规水市场的有限成功》），*International Journal of Water Resources Development*（《国际水资源开发杂志》）. https://doi. org/10. 1080/07900627. 2017. 1378628（accessed June 18，2018）；Vanessa Casado Pérez（2015），"Missing Water Markets：A Cautionary Table of Governmental Failure"（《缺失的水市场：政府失败的警示表》），*New York University Environmental Law Journal*（《纽约大学环境法杂志》）23：2，pp. 157 - 244；David Zetland（2011），"Water Markets in Europe"（《欧洲的水资源市场》），*Water Resources IMPACT*（《水资源的影响》）13：5，pp. 15 - 8。

用水资源市场来进行水资源的再分配,并将水资源短缺的负面影响降到最低。"①

这一问题对于发展中国家来说尤其重要,因为随着经济发展和人口增长,发展中国家的用水需求迅速扩大,这些国家必须应对全球性的水资源危机。正如亨宁·比约恩隆德(Henning Bjornlund)和珍妮弗·麦凯(Jennifer McKay)所建议的,人们可以从澳大利亚、智利和美国的经验中汲取重要的教训,特别是当发展中国家引进水资源市场管理方式的时候,可以借鉴这些经验教训。卡片6.2总结了这些经验教训。

发展中国家可以采取多种不同方法,来应对卡片6.2中所列举出的问题。例如,印度和中国采取了两种截然不同的方式建立水资源市场,印度发展出了一种更为"自下而上"的方式,而中国则采用了一种"自上而下"的方式。

> **卡片6.2 发展中国家在建立水资源市场方面的经验教训**
>
> **经验1** 引进水资源市场的发展中国家,必须制定出一套在交易开始前就能为灌溉者们提供市场信息的方式,并对市场运作的实用性进行设计。
>
> **行动**:信息交流的方式应当因地制宜,最好使用灌溉者现有的信息沟通渠道,如农民或用水者协会。
>
> **经验2** 消除阻碍水资源空间转移的因素,尤其是那些阻碍不同类别的水权之间进行流转的因素(如水权从农业转移到市政、工业或以环保为目的的内河流量维持方面)。

① K. William Easter and Qiuqiong Huang(2014a), "The New Role for Water Markets in the Twenty-First Century"(《21 世纪水资源市场的新角色》), in K. William Easter and Qiuqiong Huang, eds., *Water Markets for the 21st Century: What Have We Learned?* (《21 世纪的水资源市场:我们学到了什么?》) (Dordrecht, Netherlands: Springer), p.336.

行动：政府的干预可能是必要的也是有益的，政府通过对必要的基础设施提供资金支持，以确保水资源的使用和所有权能够实现临时性或永久性的空间转移。

经验3 在引入水资源贸易之前，应解决好用水总量、未使用权利以及环境和内河流量需求等问题。

行动：当地社区需要充分了解这些问题以及解决这些问题所需的过程，应当确定好获利者和利益受损者，这些人必须接受可能出现的结果，并且相关补偿问题也应得到解决。

经验4 必须考虑和处理好未使用水资源的安排问题。

行动：如果不以适当的监管机制解决这一问题，那么就可能导致水资源使用的效率低下和不可持续，并且出现投机和垄断行为，这些都会造成不良的经济、环境和社会影响。

经验5 在制定水资源市场政策并评估其潜在效益时，需要彻底了解过去政策中的遗留问题。

行动：为了提升效率，水资源市场需要一套补充性的监管和政策框架，并且在引入贸易之前，必须清楚是否已存在这种政策安排或是否有必要制定这种政策。

经验6 必须在私人市场力量和政府监管之间找到平衡，从而保护包括环境问题在内的第三方利益。

行动：例如，政府管制对于确保交易中规定的供应的安全性、运送的可靠性、水资源可使用期限、交易限制和水权期限以及预期水质方面，是至关重要的。

经验7 必须对水权进行明确的规定并正式登记，以便买方能够获得购买水资源相关的所有信息，且其所有权能够获得保障。这种登记方式也将使第三方能够登记并充分参与到水资源市场之中。

行动:在引入水资源交易和市场之前,必须克服水资源登记不足、仍基于传统水权习惯使用水资源以及法律监管和执行不力的问题。

经验8 水资源贸易的过程和条件必须明确,并且对这些方面的制度设计,需使其能够适应快速且低成本的交易方式。

行动:需明确规定贸易的条件,建立解决争端的程序,确定并克服创建水资源市场所需要的关键交易成本。

经验9 需确定与水资源使用相关的文化和宗教价值观,以及如何将这些价值观公平地纳入水资源市场中。

行动:在建立水资源市场之初,承认并纳入关键性的文化和宗教价值观,可能对水资源市场获得社会接纳来说是至关重要的。

资料来源: Henning Bjornlund and Jennifer McKay(2002),"Aspects of Water Markets for Developing Countries: Experiences from Australia, Chile, and the US" (《发展中国家水市场面面观:澳大利亚、智利和美国的经验》), *Environment and Development Economics*(《环境与发展经济学》) 7:4, 769 – 95。

在印度,水资源市场是从当地的地方贸易中自发形成的。[1] 非正式且有时是非法的水资源市场在灌溉区已经存在数十年了。在最常见的贸易形式中,较为富裕的大农户通过管井和水泵获取地下水,或者通过提升式灌溉系统获得地表水,他们抽取水资源并出售给没有这些设备条件且更贫穷的小农户们。水资源交易的支付

---

[1] Henning Bjornlund and Jennifer McKay(2002),"Aspects of Water Markets for Developing Countries: Experiences from Australia, Chile, and the US"(《发展中国家水市场面面观:澳大利亚、智利和美国的经验》), *Environment and Development Economics*(《环境与发展经济学》) 7:4, pp. 769 – 95; R. Maria Saleth(2014),"Water Markets in India: Extent and Impact"(《印度的水资源市场:范围和影响》), in K. William Easter and Qiuqiong Huang, eds., *Water Markets for the 21st Century: What Have We Learned?*(《21世纪的水资源市场:我们学到了什么?》)(Dordrecht, Netherlands: Springer), pp. 239 – 61.

方式可以是现金、劳动力或农作物分成。尽管大部分的水资源买卖是用于灌溉，但非农业用途的水资源交易（如制造砖块和城市生活用水）也会出现。这些非正式的水资源市场是具有高度地方性的，并且不同地方之间的差距很大。由于水资源使用监测和执法方面存在监管不力，水资源市场的存在可能会导致过度抽水和不可持续用水的问题，以及产生垄断和定价过高的问题。

正如水资源经济学家 R. 玛丽亚·萨雷斯（R. Maria Saleth）所解释的，印度非正式水资源市场发展中的效率、可持续性和公平性的问题，很大程度上是当前这些市场周围存在的"法律和制度真空"，也就是说，"缺乏定量制定、执行和检测个体和集体抽水的机制"造成的。[①] 在这方面，印度需采取卡片 6.2 中所列的做法，这并不需要创建一个新的市场，只需制定必要的机制和监管框架，以对许多已有的地方性水资源市场的运作和发展提供支持。特别值得注意的是，印度联邦、邦和地方政府应在以下三个紧要领域为这些市场提供支持：

● 在符合生态性的总取水限度内，建立法定的和地方性管理的水资源配额制度。

● 监测地下水和地表水的供应，并向当地水资源使用的利益相关者和水资源市场参与者分享这些信息。

● 协助当地的灌溉区和其他社区农业群体监测市场运行，并控制任何滥用水资源市场权力和影响力的行为。

如果印度能够进行必要的体制和监管改革，使非正式的水资源市场变得更为高效，且能够成为水资源管理的一种更为合适的选择，那么印度的经验将为众多其他发展中国家提供有益借鉴，因为这些发展中国家中的地方性非正式水资源市场正在兴起并且发

---

① R. Maria Saleth（2014），"Water Markets in India: Extent and Impact"（《印度的水资源市场：范围和影响》），in K. William Easter and Qiuqiong Huang, eds., *Water Markets for the 21st Century: What Have We Learned?*（《21 世纪的水资源市场：我们学到了什么?》）（Dordrecht, Netherlands: Springer），p. 259.

展迅速。

与此相对,在水资源市场的发展方面,中国正在试验采用集中性的行政控制和决策制定的治理政策,来分配水资源。① 与印度相类似,中国的地下水资源市场正在兴起,管井设备的拥有者能够向当地村民出售其管井中所抽取出来的水资源,某些情况下也会向其他地方的农民出售水资源。然而,近年来,中国政府也开始推动制定相关法律框架,从而使可交易性的水权制度能够正式建立,其中水资源的使用权最初会分配给地区和企业,然后这些地区和企业可以出售从初始分配中节约下来的所有水资源。国家资助的一些水资源贸易项目也处于开发中。

尽管出现了这类非正式和正式的水资源市场,中国的水资源分配仍然是受到强有力的行政控制的。正如斯科特·摩尔(Scott Moore)所指出的,"中央政府将国有的水资源分配给各省,然后各省再向地方政府进行分配的层级模式仍然存在";因此,中国的水权交易"代表水资源使用权的转移,以及分配给行政实体的权利,而不是个体水权所有者之间所进行的真实交易"。②

显然,中国需要的是一个更加灵活的政策和体制环境,能够鼓励将水权和水权的使用分散到个人和企业之间进行交易并蓬勃发展。这需要更多的机构间合作,以及国家、省和地方政府间的共同努力。此外,中国需要采取与印度相类似的措施,对许多农村地区正兴起的非正式地下水市场,进行引导和鼓励。

---

① Min Jiang(2018), *Towards Tradable Water Rights: Water Law and Policy Reform in China*(《走向水权交易:中国水法与政策改革》)(Cham, Switzerland: Springer); Scott M. Moore(2015), "The Development of Water Markets in China: Progress, Peril, and Prospects"(《中国水资源市场的发展:进展、危机与展望》), *Water Policy*(《水资源政策》)17:2, pp. 253 – 67; Jinxia Wang, Lijuang Zhang, Qiuqiong Huang, Jikun Huang and Scott Rozelle(2014), "Assessment of the Development of Groundwater Market in Rural China"(《中国农村的地下水市场发展评估》), in K. William Easter and Qiuqiong Huang, eds., *Water Markets for the 21st Century: What Have We Learned?* (《21世纪的水资源市场:我们学到了什么?》)(Dordrecht, Netherlands: Springer), pp. 263 – 81.
② Scott M. Moore(2015), "The Development of Water Markets in China: Progress, Peril, and Prospects"(《中国水资源市场的发展:进展、危机与展望》), *Water Policy*(《水资源政策》)17:2, p. 257.

水资源和卫生服务的有效定价

市政、工业和大规模灌溉发展项目所获得的水资源和卫生服务,都是通过规模巨大且耗资昂贵的公共基础设施项目和公共事业项目提供的。尽管这些服务也会收取一定的价格和税费,但这些收费基本上是行政性的,且几乎无法覆盖运行和管理水资源供应和卫生设施的所有成本支出——更不用说这些投资项目的建造成本和可能产生的环境影响了。

如表6.3所示,即使在富裕国家,对于向市政和工业用户供水的水资源和卫生服务项目,政府也会承担其中很大一部分的投资成本,并且经常会补贴这些设施的运营成本。在表中所列的国家中,只有法国和日本的消费者能够完全支付这些服务的运营成本。

表6.3　部分国家水资源和卫生服务项目投资和运营成本的分配

国家	投资成本占比(%)		运营成本占比(%)	
	政府	消费者	政府	消费者
加拿大	75	25	50—70	30—50
法国	50	50	0	100
日本	100	0	0	100
西班牙	70	30	50	50
美国	70	30	50	50

资料来源:OECD(2012a), *Meeting the Water Reform Challenge*(《应对水改革的挑战》)(Paris:OECD), Table 2.3。

正如许多经济学家所认为的,许多国家显然具有更大的政策空间,以结束水资源和卫生服务长期定价过低的局面,提高成本回收率,并促使消费者更多地节约用水。如果政策设计正确,那么这种定价方案也能减轻低收入家庭在支付更高价格水资源和卫生服务方面时的负担。①

水资源的定价方案要想实现这三个目标,则需包含以下条件:

- 任何与水资源和卫生服务系统有联系的居民或企业都需要每月支付**固定的服务费用**,用于供水系统的运营和维护成本;
- 对每个用水单位每月的用水,采用**两级定价收费标准**,这就意味着每月居民或企业所需支付的水资源和卫生服务费用,会根据其用水量的不同而存在很大差异。②

固定费率收费是为了支付运营和维护水资源和卫生系统的费用。与该系统存在联系的任何居民或企业都需要支付固定的服务费,无论其使用了多少水资源。在确定收费的金额时,应确保让水资源消费者来承担整个系统运营成本的较大部分,并且在适当的情况下,收费定价也应当更大程度上涵盖对水资源系统进行改善或者扩大的投资成本(见表 6.3)。具备可变性的分区费率收费将激励居民和企业节约用水,两级定价的收费标准也将消除人们对低收入家庭可能会受到高水价影响的担忧。

家庭用水服务方面采用两级定价的收费标准会促进水资源节约,也保证低收入家庭能够免除水价上涨所带来的负担。这类水资源服务的第一阶梯价格会设定得较低,其上限与低收入家庭每月实际使用的水资源和卫生服务的水平是一致的。然而,超过每月用水上限的部分将被收取更高的费用,从而确保鼓励所有家庭节约用水。例如,一个典型的低收入家庭平均每月消耗的生活用水达到 20 立方米,那么每月第一阶梯消耗的 20 立方米水将按照每立方米 2 美元的低价收取水费,每个家庭每月的水费大约只有 40 美元。然而,如果一个家庭消耗超过 20 立方米的水,那么其所增

---

① 例如参见 Convery(2013);K. William Easter(2009),"Demand Management, Privatization, Water Markets, and Efficient Water Allocation in Our Cities"(《我们城市需求管理、私有化、水资源市场和高效水资源分配》),in L. A. Baker, ed., *The Water Environment of Cities*(《城市水资源环境》)(New York: Springer), pp. 259 – 74; Grafton(2017); Olmstead(2010a); Rogers et al. (2002)。

② 这两部分定价方案的讨论,基于 Easter(2009)。

加的用水量价格就是每立方米 4 美元。因此,如果一个家庭每月消耗 40 立方米水,那么每月的水费将上升至 120 美元。

尽管第二阶梯的收费价格是固定的(或统一价格),但这一固定费率也可能上涨。例如,当每月用水量超过 20 立方米的时候,固定费率可能是每立方米 4 美元,但如果每月用水量增加到 40 立方米,那么水价将上升至每立方米 6 美元,其后水价也会随着每月用水量的继续增加而变得更高。这种具有递增性或可变性的第二阶梯收费费率,对于水资源和卫生服务的大型消费者(如商业、工业用水者,以及用水量大或者富裕的家庭)来说是非常重要的。正如伊斯特尔所说,"为了保证有效分配水资源并节约用水,这一可变费率可以按照供水公司获得新的水资源供应的长期边际成本(或者水资源的机会成本)来设定。如果采用递增性的阶梯费率,那么最高级别的费率将按照获得新的水资源供应的长期边际成本来确定"[①]。

如果水资源定价方案能够为地方公共事业单位和政府带来足够的收入,那么其中部分资金就能够用于辅助性的投资项目,或对采用了指定节水技术的消费者进行补贴,如采用水流量低的冲水马桶、滴灌技术和更节水的设备(如更节水的洗碗机、洗衣机或浴室设施)。这项补贴计划还可以专门针对低收入家庭,否则这些用户将很难负担得起购买节水设备和创新技术方面的支出。

由于水资源供应成本的上升,以及人们对水资源短缺的担忧,

[①] Easter(2009), p.262. Easter(2009)也指出,定价方案可以很容易地根据水资源供应和需求的季节性变化进行调整,正如在亚利桑那州凤凰城已经实施的那样:"对于季节性的变化,可使用高峰负荷或季节性定价。在这种情况下,在高需水量或低供水时期,单位水价或收费将提高。对于美国来说,这往往意味着夏天收费的价格较高,冬天收费的价格较低。例如冬天水费的收费价格可能仅为每 1000 加仑 1 美元,而在夏天为 4 美元,在春秋季为 2 美元。在春季的部分时间,水价可能也会降低,因为在北方气候条件下,通常会有一段降雨和融雪频繁的时期。亚利桑那州凤凰城是一个干旱的西南部城市,从 12 月到 3 月其水费收费价格为每 100 立方英尺 1.65 美元;在 4 月、5 月、10 月和 11 月为 1.97 美元;6 月至 9 月期间为 2.5 美元。"译者注:1000 加仑约合 3.79 立方米,100 立方英尺约合 2.83 立方米。

美国的一些大城市和地区已经开始试验并实施更为有效的水资源和卫生设施定价方案。在考察了许多方案之后，经济学家希拉·奥姆斯特德和罗伯特·斯塔温斯（Robert Stavins）得出了以下结论：相比于依靠法律、定量配给水资源或强制性安装节水技术设备的方式，从需求管理和节约用水方面提升水资源相关服务定价的效率似乎更具成本效益。改进定价机制，也会比在监测水资源使用和规定强制性节水目标方面的管制方式和量化限制措施，要更为高效。①

在意大利，波河（Po River）流域从 20 世纪 90 年代开始对居民用水和卫生服务进行一系列的水价改革。改革有助于减少该地区水资源服务的质量问题并提升服务覆盖率，水价的上升也减少了输水管道泄漏的问题，改善了家庭用水情况。然而，即使提升了水价费率，但与其他富裕国家相比，同等形式的水资源和卫生服务，意大利的水价仍然处于较低水平。此外，这一费率似乎不包括对供水系统的投资成本，因此，人们对基础设施投资规模的规划，就会偏向于从低成本支出的角度出发，这样往往就难以保证该地区水资源和卫生服务具备足够的可持续性和可靠性。目前，人们正努力通过改革尝试解决其中的一些问题。②

自 20 世纪 80 年代以来，中国引入了城市供水收费制度，以控制部分城市用水速度的迅速增长。③ 1998 年，中国对建议的定价结构进行了进一步修改，现在这一定价模式更符合上文所述的有效

① Sheila M. Olmstead and Robert N. Stavins（2009），"Comparing Price and Nonprice Approaches to Urban Water Conservation"（《比较城市节水的价格和非价格方法》），*Water Resources Research*（《水资源研究》）45:4，W04301.

② Jaroslav Mysiak, Fabio Farinosi, Lorenzo Carrera, Francesca Testella, Margaretha Breil and Antonio Massaruto（2015），"Residential Water Pricing in Italy"（《意大利居民用水定价》），in Manuel Lago, Jaroslav Mysiak, Carlos M. Gómez, Gonzalo Delacámara and Alexandros Maziotis, eds., *Use of Economic Instruments in Water Policy：Insights from International Experience*（《水资源政策中经济手段的应用：国际经验的启示》）（Cham, Switzerland：Springer），pp.105 – 19.

③ Dajun Shen and Juan Wu（2017），"State of the Art Review：Water Pricing Reform in China"（《研究现状：中国水价改革》），*International Journal of Water Resources Development*（《国际水资源开发杂志》）33:2，pp.198 – 232.

定价框架。其基本框架是对非居民用水设定两部分的收费费率，其中容量收费（capacity charge）涉及建造供水基础设施所投入的固定成本，容积收费（volumetric charge）涉及运营成本。对于居民用水，建议实行三级阶梯定价，其中最低阶梯价格包括基础用水费用，中等阶梯水价是基础用水费用的 1.5 倍，高级阶梯水价是基础用水价格的 2 倍。然而，城市供水价格的执行情况喜忧参半。针对非居民用水的两部分收费模式，在大多数城市中实现了一定程度的成本回收，且已经被大多数企业视为一种强制性的服务收费。目前尚不清楚这种收费制度是否实现了显著的节水效果。事实证明，对居民用水实施三级阶梯定价的模式的难度更大，特别是在普遍缺乏家用电表而导致难以对用水进行监测的情况下。中国在 21 世纪初所倡导实行的"一户一表"的规定，推动了对家庭用水的监测计量，但是阶梯收费设计方面存在的一些问题仍然没有完全解决。例如，为实现计量要求所投入的成本，需要完全由住户承担，这无疑增加了低收入家庭的负担。此外，由于担心水价对较贫穷家庭可能产生的影响，因此第一阶梯的用水上限被设定得较高。这虽然可能有利于公平，但不太可能促进更大程度上的节约用水。

实现成本回收、节约用水和公平这些目标之间的平衡，也是哥伦比亚在供水方面一直需要解决的问题。该国自 20 世纪 80 年代以来已经开始尝试对城市水资源和卫生服务进行定价改革。[①] 最初，改革过于谨慎，政府过度关注定价改革可能给用水者，特别是贫困家庭和小企业带来的经济影响。因此，水价定得过低，无法满足基本的运营和投资成本，这些成本费用随着供水基础设施的扩大而迅速增加，这类基础设施的扩大也为城市地区更多的家庭、企业和工业

[①] Diego Fernández（2015），"Water Pricing in Colombia: From Bankruptcy to Full Cost Recovery"（《哥伦比亚的水资源价格：从濒临破产到完全成本回收》），in Ariel Dinar, Victor Pochat and José Albiac-Murillo, eds., *Water Pricing Experiences and Innovations*（《水价经验与创新》）（Cham, Switzerland: Springer），pp. 117 – 38.

提供了水资源和服务。这些提供基础设施和服务的公共事业单位也变得过度依赖政府资金。到了 20 世纪 90 年代,水资源和卫生服务部门陷入了一场严重的危机:基本服务的覆盖面小,服务质量较差,大多数公共事业的投资资金不足,财务无力偿还其投资成本。哥伦比亚从 20 世纪 90 年代中期开始着手制订一系列的改革,尝试对定价机制进行修订,以收回与供水和污水处理服务相关的投资、运营和交付方面的成本支出。2006 年,改革开始实施,实施数年后的效果证明,改革似乎大大提高了成本回收率,且改善了公共事业的财务状况。改革包含一项针对基础性水资源使用的补贴计划,以缓解价格变化可能给城市贫困家庭带来的经济负担。尽管这种措施可能会提升新定价机制的公平性,但补贴也可能会降低水价在提升节水效率方面的效力。此外,人们也对这种补贴计划能否获得足够的长期性融资表示担心。

洁净的水资源和卫生服务

发展中国家所面临的一项严重且紧迫的挑战是,如何向国内目前无法获得水资源和卫生服务的数百万民众提供这些服务。据估计,全球有 6.63 亿人(约占全球总人口的 10%)是缺少安全的水资源的,有 24 亿人(约占全球总人口的三分之一)是无法使用厕所设施的。[①] 随着发展中国家城市化进程的加快,贫困人群涌入未经规划的城市贫民窟定居点,为这些中低收入的经济体提供清洁的水资源和卫生服务成为政府最重要的管理危机。

艾菲亚兹·玛考兹(Ephias Makaudze)和乔治·格勒斯(Gregory Gelles)讨论了政府向南非城市贫民窟提供水和卫生服务时所面临的

---

① UNICEF and WHO(2015).

挑战。[1] 目前,南非 5000 万居民中大约有 14% 的人口生活在这种城市贫民窟定居点中,同时由于农村进城移民和邻近国家非法移民的涌入,这一人口数字仍在迅速增长。自 1991 年结束种族隔离以来,南非政府已经向城市贫民窟和国内其他地区大力扩展水资源和卫生设施的覆盖率。总的来说,这类努力似乎是成功的:自1993 年以来,能够获得清洁用水的人口比例从 56% 上升到 90%,能够使用卫生设施的人口比例从 43% 增加到 78%。但是,水资源和卫生设施的这种拓展几乎完全由政府出资,现在贫民窟定居点中的用水和卫生设施方面的问题持续累积:成本回收率低,供水服务普遍无法获取收费,水资源短缺情况严重且难以持续发展。这些挑战不仅削弱了市政当局对水资源和卫生服务进行投资和供应的能力,还导致城市贫民窟居民区内出现日益严重的社会动荡。

正如南非的例子所表明的,若想确保对水资源和卫生设施进行成功有效的投资,以满足发展中国家对清洁的水资源和卫生设施的需要,关键在于政府采用各类服务和支付机制,为必须付费家庭提供足够和可负担的服务。在许多发展中国家,仅仅依靠政府投资、维持和运营大规模的供应基础设施和网络,来向每家每户提供免费或费用极低的清洁水资源和卫生设施,在当下已不再是一种明智之举。国际社会也不可能具备足够的财政资源或意愿,以帮助每一个发展中国家实现这一目标。正如水资源经济学家戴尔·惠廷顿(Dale Whittington)和他的同事所阐释的那样:

> 显而易见的事实是,国际捐助者根本不愿意为尚未享有这类服务的数百万发展中国家人口支付建立常规供

---

[1] Ephias M. Makaudze and Gregory M. Gelles (2015), "The Challenges of Providing Water and Sanitation to Urban Slum Settlements in South Africa"(《向南非城市贫民窟提供水和卫生设施的挑战》), in Quentin Grafton, Katherine A. Daniell, Céline Nauges, Jean Daniel Rinaudo and Noel Wai Wah Chan, eds., *Understanding and Managing Urban Water in Transition*(《理解和管理转型过程中的城市用水》)(Dordrecht, Netherlands: Springer), pp. 121 – 33.

水和污水管网的高额成本,也不愿意承担为维持这些设施运作所需的持续性财政支出的义务。发展中国家的人们将不得不依靠自身来支付其中绝大部分的成本支出,并且需要进行细致的成本效益和财务分析,才能清楚应对这一挑战所需投入资金的规模。[1]

惠廷顿和他的同事提出了一项双管齐下的策略,以帮助发展中国家确定与水资源相关服务的目标和顺序。该策略基于预期收益人的需要和收入水平以及他们对洁净水资源和卫生设施改善方面的支付能力,也考虑到提供洁净水资源和服务所需的总成本。

发展中国家有大量家庭无法享受到洁净的水资源和基础卫生服务的主要原因在于贫穷。若通过建造昂贵且规模较大的基础设施来向这些贫困家庭扩展政府的水资源服务,也就意味着即便这些家庭能享受到许多利好,也很少有家庭负担得起这类服务的费用。其结果就是这种财政负担将完全由政府和公共事业单位来承担,并且正如我们在上述哥伦比亚的案例中所看到的,这可能会迅速产生巨大的财政困难,而且,与南非的情况一样,水资源服务网络本身也可能陷入一种恶性循环,即水资源服务不可靠且不充足、成本回收率低、服务普遍无法获取收费以及水资源短缺状况日益严重。

因此,第一步是寻找能够提升贫困家庭获得洁净和卫生设施机会的办法,并且这些办法需要具备足够的成本效益且价格要相对低廉,让这些家庭负担得起。不涉及建造大规模基础设施和供水网络的小规模干预措施包括向农村地区提供水资源的方案,这主要包括向社区提供深度钻孔、公用手动泵、由社区主导的全面卫生运动(community-led total sanitation,CLTS)以及用于家庭水处

[1] Whittington et al. (2008).

理的生物砂过滤器。这些干预措施不仅能为贫困家庭和社区所负担得起,也能产生必要的健康和经济效益。钻孔和生物砂过滤器这两种方式都可以规模化地扩展到发展中国家的广大社区中,这些过滤器也可以供农村和城市低人口密度地区的家庭使用。

在经济快速增长的城市中,投入高昂成本来投资和运营常规性的水资源和卫生基础设施网络也许是值得的,但前提是建造和扩展这些网络所需面对的财务挑战是能够通过合适的定价机制来应对的,这种定价要让获得收益的居民和企业负担得起。正如哥伦比亚和中国的案例研究所表明的,定价机制的设计应旨在实现更大程度的成本回收率、公平性和节约性。这就意味着贫困家庭将必须受到保护,甚至需要给予这些家庭一定的补贴,使其免遭不公平财政负担的困扰,但是,随着经济增长和居民收入的增加,更多的家庭应当为水资源和卫生服务的成本回收和节约用水做出贡献。其中有几个原因,首要的是,家庭收入与需要现代化和大规模供水网络提供管道水和污水处理服务之间,具有密切的联系,这种情况尤其表现在发展中国家的城市家庭中。随着家庭收入的增加,他们不仅需要这些现代服务,而且有能力支付提供这些服务的供应网络的运营和投资成本。

为改善水质付费

定价和其他经济手段的使用,也有助于减少污染给河流、含水层、湖泊和其他淡水资源水质带来的日益严重的影响。只要环境对水质所造成的损害仍然无法通过"价格"反映出来,那么污染就会大量产生,人们就会过度使用淡水水域来作为污染物的沉积池。

现在主要有两种方法改善定价机制,以减轻污染对水质造成的影响。第一种方法是对家庭和工业领域的废水和污水排放收费。这可以采用统一价格收费的形式,也可以采用按排污量的多少来定价的方式。第二种方法是可进行交易的水污染许可证制度。第一步是对废水排放总量设定上限或限制,如限定在给定时间内可以排放进入水资源中的硝酸盐、磷酸盐、未经处理的污水或化学品含量。一旦设立了排放上限,就可以发放许可证,并可将许可证分配或出售给那些排放污染物的行为方,如工业企业或因灌溉农作物而造成污染的农户们。签发许可证所允许的污染排放总量必须小于此前所设定的污染排放量上限。然而,如果降低污染水平的成本太高,公司或者农民就可能会选择向其他公司或农民购买更多的许可证,后者在减轻污染上的成本支出更低,因此也使市面上有多余的许可证可供出售。因此,污染排放许可证交易市场的存在,决定了许可证的价格,该价格基本等同于污染排放所需支付的费用。

    与可交易的污染排放许可证相比,对废水和污水排放进行直接收费的方式更为普遍,世界范围内越来越多不同税种被国家、地区和地方各级用于污染控制。其中包括荷兰的重金属和有机物排放税、法国的水污染费、德国和哥伦比亚的排污税、中国的污染物征税制度、马来西亚的棕榈油工业排污费。[1]

    如果实施得当,水污染税将激励那些需要排放污染物的人减少废水和污水的排放,鼓励人们再次利用或循环利用水资源,并采用更为清洁的生产程序。尽管一些收费制度的实行在减少污染方面取得了成功,但大多数措施所设定的收费额度都不够高,无法覆

---

[1] 有关这些和其他案例的更多详细信息,见 Jennifer Möller Gulland, Manuel Lago, Katriona McGlade and Gerardo Anzaldua(2015), "Effluent Tax in Germany"(《德国排污税》), in Manuel Lago, Jaroslav Mysiak, Carlos M. Gómez, Gonzalo Delacámara and Alexandros Maziotis, eds., *Use of Economic Instruments in Water Policy: Insights from International Experience*(《水资源政策中经济手段的应用:国际经验的启示》)(Cham, Switzerland: Springer), pp. 21 – 38; Sheila M. Olmstead(2010b), "The Economics of Water Quality"(《水质经济学》), *Review of Environmental Economics and Policy*(《环境经济学与政策评论》)4:1, pp. 44 – 62; Rogers et al. (2002); Dajun Shen and Juan Wu(2017), "State of the Art Review: Water Pricing Reform in China"(《研究现状:中国水价改革》), *International Journal of Water Resources Development*(《国际水资源开发杂志》)33:2, pp. 198 – 232; James Shortle(2017), "Policy Nook: 'Economic Incentives for Water Quality Protection'"(《政策角落:"水质保护的经济激励"》), *Water Economics and Policy*(《水资源经济学和政策》)3:2。

盖污染排放所产生的额外破坏方面的治理费用,这就限制了这些制度在控制污染和改善水质方面的有效性。工业和家庭的污水排放费通常包括在水费中,以每户住宅需缴纳固定费用的形式出现,或者被包含在了物业税中。这种收费机制削弱了水污染税的收费效力,也因此降低了人们主动减少污水排放的积极性。污水和污染排放费越来越多地被纳入工业领域,但这些费用通常包含在企业的水资源和卫生服务总成本支出中,并且通常作为固定费用。由于产生污水相关的这些水资源和卫生服务的成本支出,与环境损害之间没有多少直接的关联,也与污水的排放量之间没有相关性,因此这类收费制度在控制污染方面的效果较差。

德国于 1976 年开始征收排污税,这一制度也是其控制河流污染总体战略中的一部分。① 除了这一税收制度,德国在一段时间内还采用了排放限制、技术标准和许可证制度。尽管很难从这一政策组合中确定仅由税收制度所产生的影响,但自从引入这一制度以来,德国的污水排放总量和污染危害程度都大大降低,水质也得到了明显的改善。工业和市政领域所有的废水排放都需获得许可证,政府也会对这些领域内排放的废水进行收费。应纳税的污染物包括磷、氮、有机卤化物、汞、镉、铬酸盐、镍、铅、铜等各种有毒或需氧的化学物质。如果采取削减排放的措施,或采取建造或改进污水处理厂的举措,那么排污费就可以降低 50%。此外,购买污染控制设备的费用支出可以抵减需要支付的总污染费用。如果污水排放量超过许可排放量,就会需要缴纳更多的税费。多次违规会导致针对不服从行为的处罚。

尽管排污税在减少污染和改善水质方面取得了显著的成效,

① Jennifer Möller Gulland, Manuel Lago, Katriona McGlade and Gerardo Anzaldua(2015), "Effluent Tax in Germany"(《德国排污税》), in Manuel Lago, Jaroslav Mysiak, Carlos M. Gómez, Gonzalo Delacámara and Alexandros Maziotis, eds., *Use of Economic Instruments in Water Policy: Insights from International Experience*(《水资源政策中经济手段的应用:国际经验的启示》)(Cham, Switzerland: Springer), pp. 21 – 38.

但人们担心这一税收的税率过低，并且自从引入以来也没有对其进行充分调整以适应通货膨胀的速率。因此，随着时间的推移，污染税的有效性可能会降低。政治游说可能是这一结果产生的重要原因。此外，私营企业和城市市民对征税的反应似乎不同。工厂更倾向于选择那些可以抵减污染控制费用的相关激励措施，并引入其他创新技术和流程来降低总体污染费用，而城市市民基本上遵照收费标准行事，并支付了在许可证所允许排放范围内进行污染排放的所有费用。人们所面对的一个重要挑战是需要及时对排污税制度进行更新，以解决城市和工业领域内所出现的这些问题，并减少城市和企业领域之外的水污染源。

中国目前同时征收污水处理费和排污费。[①] 这些费用实际上是废水和污水处理公司为其所提供的收集和处理污水服务而收取的服务费。如前所述，这类费用不太可能在控制和减少污染排放量方面取得成效，尽管其确实有助于弥补废水处理所付出的成本费用。排污费更类似于排污税。如果污染物是直接排放到环境中，那么就需支付排污费，但如果废水是排放到了城市里的废水处理设施中，并且也支付了废水收集和处理费用，那么就可以免除排污费。排污费按照核心污染物的排放量收取，并且中国实行全国统一的收费制度。对于超过排放标准的污染排放，则会加征费用。

中国所实行的有关污染排放的制度的一个重要影响是，其明显鼓励了工业企业和市民们，从以往直接向环境中排放污水转向使用城市废水处理设施，来减免污染排放费。另一方面，如果废水的收集和处理费是一笔不菲的支出，那么排污者就会倾向于直接向环境中排放未经处理的污水，尤其在没有具备很好的监管措施且排污收费收缴没有得到有效执行的情况下更是如此。针对这一

---

① Dajun Shen and Juan Wu（2017），"State of the Art Review：Water Pricing Reform in China"（《研究现状：中国水价改革》），*International Journal of Water Resources Development*（《国际水资源开发杂志》）33：2，pp. 198－232.

问题所出现的一个令人担忧的现象是,尽管收费结构出现了变化并且收费金额也在不断上涨,但水污染现象仍很显著。还有一个问题是,污水处理的收费标准起初设定过低,无法覆盖城市处理设施运营和维护所产生的费用成本。自 2000 年以来,为了提升成本回收率,政府已大幅提高了收费标准,但在中国的 663 个城市中,只有不到三分之一的城市实行了排污收费制度。

　　建立有效的水质交易许可证制度所面临的困难之一,是如何对经过不同污染源混合污染后的水资源中的污染物进行核定。因此,成功的交易制度通常适用于来自单一污染源的单一污染排放物,尽管一些针对多个污染源排放情形所制定的收费项目和试点计划也正显现出一定的成效。[1]

　　其中尤其困难的一个问题是如何减少水资源的富营养化污染。这种"邪恶混合"的污水产生了日益严重的全球性问题,人们为了减少这种污染而采取的绝大部分措施,都是限制排放或单独针对这类污水排放进行收费,如向企业或市民进行收费。[2] 然而,可交易许可证制度在美国北卡罗来纳州的塔尔-帕姆利科河(Tar-Pamlico River)流域的应用是最为成功的案例之一。[3] 市民和其他单个个体需要向塔尔-帕姆利科流域管理协会购买农业富营养物氮和磷排放的减排额度,该协会充当了拥有排放额度许可的农民与市民以及其他污染排放来源方的中间人。因为与减少

---

[1] James Shortle(2013), "Economics and Environmental Markets: Lessons from Water Quality Trading"(《经济和环境市场:水质交易过程中的教训》), *Agricultural and Resource Economics Review*(《农业和资源经济学评论》)42:1, pp.57-74; Richard D. Horan and James S. Shortle(2011), "Economic and Ecological Rules for Water Quality Trading"(《水质交易的经济和生态规则》), *Journal of the American Water Resources Association*(《美国水资源协会杂志》)47:1, pp.59-69.

[2] James Shortle and Richard D. Horan(2017), "Nutrient Pollution: A Wicked Challenge for Economic Instruments"(《营养物污染:对经济手段的一种严重挑战》), *Water Economics and Policy*(《水资源经济学和政策》)3:2.关于通过水质交易控制源自农业的营养物污染的难度,见 Kurt Stephenson and Leonard Shabman(2017), "Can Water Quality Trading Fix the Agricultural Nonpoint Source Problem?"(《水质交易能够解决农业非点源水污染问题么?》), *Annual Review of Resource Economics*(《资源经济学年鉴》)9, pp.95-116.

[3] Olmstead(2010b).

污染的潜在成本价格相比,市民和其他污染排放来源方更愿意选择购买这种排放额度。反之,农民们发现减少其氮和磷的排放并出售这部分排放额度是更具有经济效益的。其结果就是该流域内的氮和磷排放出现了显著降低。

还有一类较为特别的项目是澳大利亚的盐分抵消和交易计划。[①] 在澳大利亚,盐分对环境的影响是巨大的,政府估计每年花费 2.3 亿美元用于盐分治理。盐分抵消计划旨在通过在其他地方提供等量的盐分削减,来补偿农业活动所带来的环境含盐量的上升。其目的是保证环境中最终总含盐量没有增加。抵消计划的交易方式是,允许灌溉者以相对较低的减排成本,或位于环境影响较低的某个行为方,为位于环境影响较高地区的行为方或者减排成本支出较高的企业,提供相应的盐分抵消额度。例如,灌溉农场可以通过建立新的多年生牧场或者通过植被恢复来抵消其灌溉活动给环境带来的盐分增加影响,这两种方法都是降低附近地区含盐量的低成本选择。这些抵消措施被证明是减轻澳大利亚环境中的盐分及其环境影响的成本效益较高的办法。这一项目在南澳大利亚所取得的成效较为有限,问题主要在于州政府没有通过开展抵减登记制度或提供交易场所等促进交易的措施来为该项目的潜在参与者们提供一定的支持。

另一项举措是新南威尔士的亨特河(Hunter River)盐度交易计划,该计划于 1995 年作为试点项目启动,并在 2002 年全面实施。[②] 这项计划对河流进行重新监测,以确定河流流量是低于、高于还是处于洪水水位。政府会向煤矿和电厂发放可交易许可证,允许每

---

① Tiho Ancev and M. S. Samad Azad(2015), "Evaluation of Salinity Offset Programs in Australia"(《澳大利亚盐分抵消计划的评估》), in Manuel Lago, Jaroslav Mysiak, Carlos M. Gómez, Gonzalo Delacámara and Alexandros Maziotis, eds., *Use of Economic Instruments in Water Policy: Insights from International Experience*(《水资源政策中经济手段的应用:国际经验的启示》)(Cham, Switzerland: Springer), pp. 235 – 48.
② Olmstead(2010b); Shortle(2013).

个企业在总排放量上限内排放一定量的盐水。然而,这种许可证制度只允许在河流流量最高的时候向河中排放盐水,从而保证盐分能被最大程度地稀释。这类许可排放权可以在污染排放者之间进行交易,人们还开创了在线交易平台来进行额度交易,买方和卖方会在平台上就价格和额度交易进行协商。自从开展交易以来,整个河流的含盐量没有超过政府设定的限定目标,并且对于许多污染排放量大的企业来说,从能够以较低成本控制排放量的较小污染者手中购买排放许可的这种方式,与建造和维护盐水水库相比,是一种更具成本效益的选择。

正如卡片6.3所示,亨特河盐度交易计划是数个正显现出成效的水质交易计划和试点项目之一。我们可以从这些方案中汲取重要的经验教训,以便今后进一步利用好这一重要机制来改善河流和其他水源中的水质。

卡片6.3 水质交易方面的经验教训

经济学家詹姆斯·肖特(James Shortle)和理查德·霍兰(Richard Horan)对全球各地的水质交易计划进行了研究。其中有7个计划和项目似乎取得了一定意义上的成功并且是具备前景的。

项目	污染物	污染来源
亨特河盐度交易计划(澳大利亚)	盐度	煤矿、发电厂
南国家河总含磷量管理方案(加拿大)	磷	工业、市政、农业
陶波湖(新西兰)	营养素	放牧农业
加利福尼亚草原区(美国)	硒	农业
康涅狄格州氮额度交易所(美国)	氮	废水处理厂
大迈阿密流域交易试点(美国)	营养素	工业、市政、农业
宾夕法尼亚州营养素额度交易所(美国)	营养素	工业、市政、农业

肖特和霍兰建议,可以从这些计划和其他不太成功的计划中得到一些重要的教训:

- 水质交易的领导方来自州、省或地方层面"自下而上"的创新。

- 现有项目为我们提供了一系列不同种类的机制和计划模式;但并不存在一种可适用于任何地方情况和背景的水质交易计划。

- 水质交易无法替代传统的污染限制措施,但可以提升这类限制措施的效力和效率。

- 若要成功设计能够实现目标收益的水质交易计划,就需要使咨询公司中经验丰富的从业者和代表们、服务于或倡导交易业务的非政府组织以及监管者们之间能够产生互动。

- 为了协助实现水质交易,监管者需要做好以下三个方面的重要工作:

  ○ 确定交易中所涉及的污染源;

  ○ 设定整体污染水平上限;

  ○ 确定、监管并执行交易规则。

- 水质交易在很大程度上仍然是一种可以从更多的研究和推广中不断受益的试验。

资料来源:Shortle(2013);Richard D. Horan and James S. Shortle(2011),"Economic and Ecological Rules for Water Quality Trading"(《水质交易的经济和生态规则》),*Journal of the American Water Resources Association*(《美国水资源协会杂志》)47:1,59-69。

取消灌溉和农业补贴

正如上文所谈到的,世界各地的农民通常为其灌溉用水所支付的费用都过低,因为农民们通常无须承担向农场提供灌溉基础设施的投资、运营和维护成本。此外,几乎所有的政府都会直接或通过对农民收入进行资助的方式来补贴农业生产。这些农业补贴导致农业生产过剩,也造成农业投入资源的进一步过度使用,其中就包括灌溉用水。

尽管取消灌溉和农业补贴在政治上是困难的,但越来越多的证据表明,这种补贴政策导致农业领域长期存在过度用水的情况,从而使水资源分配和短缺的问题更加恶化。因此,农业的水价改革必须从结束这种导致农民生产过剩和过度用水的低价灌溉和农业补贴政策开始。

提高水价可能会使农民们实际上获得收益,因为这可以鼓励农民采用更为有效的灌溉技术,提高用水的生产效率。通过比较水价、补贴高效灌溉技术和配给水资源,一项针对加利福尼亚州中央谷地图莱里河(Tulare River)流域农民的模拟研究发现,提高水价收费是提高农业用水效率最有效的办法。[①] 水价的调整能够鼓励人们投资开发更为有效的灌溉技术,并且通过降低水资源渗透回地下水或回流的现象,来减少水资源的消耗。因此,该研究发现,水价每上涨 20%,农业生产率就会提高 43%。

理想情况下,灌溉用水的价格制定应当类似于前面所讨论的对水资源和卫生服务的有效定价策略。一项灌溉定价方案,若想实现改善成本回收、鼓励节水并减轻高水价给较贫困小农户造成的负担的目标,一般需具备以下几个元素:

- 每个灌溉季节都会设定**固定服务费**,用于向农场供水的灌溉基础设施的投资、运营和维护成本;
- 随着每个灌溉季节农场用水量变化而变化的**用水量收费**;

---

① J. Medellín-Azuara, R. E. Howitt and J. J. Harou(2012), "Predicting Farmer Responses to Water Pricing, Rationing and Subsidies Assuming Profit-Maximizing Investment in Irrigation Technology"(《假设灌溉技术投资实现利润最大化情况时农民对水价、定量配给和补贴的反应预测》), *Agricultural Water Management*(《农业用水管理》) 108, pp. 73 – 82.

● 用水量收费中的**初始阶梯收费价格**应当设置得较低,以较贫困小农户灌溉季节通常所需用水量为限,在其上限内降低灌溉用水的价格。

尽管许多国家对灌溉用水的定价改革表现出很大的兴趣,但推动制定更为有效的水价定价机制——甚至于说提升成本回收率——已被证明是我们所要面对的一项挑战。

经济合作与发展组织(OECD)回顾了一些国家在农业用水定价方面为提升灌溉成本回收率进行改革所取得的进展。[①] 大多数国家对灌溉所使用的地表水,采用混合了固定收费和超过一定阈值后按照用水量收费的方式。其结果是,这些国家收回了至少部分或全部的运营和维护成本,但总体上看这些收费方式并没有实现完全的成本回收(见表6.4)。只有少数国家,如澳大利亚、法国和英国的水费征收,能够覆盖灌溉用水对环境造成负面影响的部分治理成本。但也有证据表明,在整个欧盟,以及澳大利亚、墨西哥和美国地区,农业灌溉的成本回收率正在上升。

例如,自20世纪90年代以来,墨西哥采取政策改革,取消政府对灌溉活动运营和维护的补贴,从而导致水价上涨了45%至180%。灌溉网的运营和维护成本回收率也已从1983年15%的低点上升到现在的75%左右。然而,人们担心水价仍然过低,无法实现完全的成本回收。

在土耳其,灌溉网的运营和维护费用的筹措,正逐步从政府转移到自筹资金的地方用水协会,这就意味着农民需要支付这些费用中较大的一部分。因此,自1999年以来,农民支付的灌溉和运行费用几乎翻了一番,灌溉成本回收也有了显著改善。然而,农民按照每年种植的作物和区域面积为基础的缴税来支付这些费用,人们担心缺乏按照用水量体积定价收费的方式将导致许多农作物

---

① OECD(2010), *Sustainable Management of Water Resources in Agriculture*(《农业水资源的可持续管理》)(Paris: OECD).

过度灌溉。

表 6.4 部分地区灌溉成本回收情况

成本回收	国家
实现运营、维护和资金成本 100% 回收	奥地利、丹麦、芬兰、瑞典、英国
运营和维护成本实现 100% 回收,资金成本的回收率低于 100%	澳大利亚、加拿大、法国、日本、美国
运营、维护和资金成本回收率均低于 100%	希腊、匈牙利、冰岛、意大利、墨西哥、瑞士、波兰、葡萄牙、西班牙、瑞士、韩国
运营和维护成本回收率低于 100%,用水中所产生的一些额外的环境成本可通过资金成本获得支持	澳大利亚、法国、英国

资料来源:OECD(2010)。

利用灌溉定价机制来提高成本回收率、节约用水并减少不平等现象,这对发展中国家来说是非常重要的,因为发展中国家的农业种植面积依然是通过投资和大型灌溉供应项目的发展而扩大的。在印度,政府补贴占该国国内生产总值的 14%,其中相当一部分是用于灌溉补贴。[①] 印度灌溉农业的主要邦之一是安得拉邦,该邦当下仍在扩大其基础设施建设。例如,该邦目前计划投资约 370 亿美元,再开拓 450 万公顷的灌溉土地。然而,在安得拉邦,政府的大量补贴用在了灌溉上,随着供应基础设施和网络的扩大,灌溉补贴支出也成为一项日益沉重的财政负担。灌溉补贴从 1980 年和 1981 年略低于 1000 万美元的支出规模,增加到了 1999 年和 2000 年的 1.88 亿美元的规模。根据目前的估算,政府对安得拉邦三个最新的主要水利灌溉项目的补贴金额达

① 这里印度的例子是基于 Kuppannan Palanisami, Kadiri Mohan, Mark Giordano and Chris Charles (2011),"Measuring Irrigation Subsidies in Andhra Pradesh and Southern India: An Application of the GSI Method for Quantifying Subsidies"(《衡量安德拉邦和印度南部的灌溉补贴,GSI 方法在量化补贴方面的应用》), International Institute for Sustainable Development(国际可持续发展研究所), March, available at http://indiaenvironment-portal. org. in/files/irrig_india. pdf(accessed June 19, 2018); Kuppannan Palanisami, Krishna Reddy Kakumanu and Ravinder P. S. Malik(2015), "Water Pricing Experiences in India: Emerging Issues"(《印度水价的经验:新出现的问题》), in Ariel Dinar, Victor Pochat and José Albiac-Murillo, eds., *Water Pricing Experiences and Innovations* (《水价经验和创新》)(Cham, Switzerland: Springer), pp. 161 – 80.

2.82亿美元。这些补贴政策的存在以及成本支出无法收回的现状,尤其是在灌溉网络运营和维护方面难以做到成本回收的情况,已经导致包括该邦在内的整个印度出现了一系列问题,诸如灌溉潜力开发利用不足、灌溉不公平现象、灌溉质量不高、灌溉用水浪费现象、内涝积水、土壤盐碱化、灌溉农业的不可持续性发展以及水价过低所产生的大量经济损失等。即使在收取水费的地方,水费标准也是非常低的,并且许多农民没有按规定缴纳水费。

为了能够有助于灌溉投资和灌溉网络的成本回收,中国对农业供水收费,从而为农业灌溉中的投资成本以及运营和维护支出提供了资金补充。[①] 从2014年起,中国开始对大中型灌溉项目征收费用,收费的目的是希望能够至少覆盖与项目有关的运营和管理费用,并且如果可能,政府收费也希望能够覆盖投资成本和所产生的任何环境影响成本。针对运河系统扩建的小型灌溉项目也会被收取一定的费用,从而有助于增加项目运营和维护成本回收。此外,政府还会对地下水使用超出配额的农业用户收取费用。对于存在地下水短缺问题的地区,这一收费标准会设置得相对较高。

全世界的农业生产都获得了政府的大量补贴。经合组织国家每年对农业生产者的资金支持达到了2580亿美元,约占农业总收入的18%。[②] 2012年,几个主要农业生产国巴西、中国、印度尼西

① Dajun Shen and Juan Wu(2017),"State of the Art Review: Water Pricing Reform in China"(《研究现状:中国水价改革》),*International Journal of Water Resources Development*(《国际水资源开发杂志》)33:2, pp.198-232.
② 这意味着,经合组织的农场每获得1美元的收入,其中就有18美分是来自某种形式的农业补贴。OECD(2014),*Agricultural Policy Monitoring and Evaluation 2014: OECD Countries*(《2014年农业政策检测与评估:经合组织国家》)(Paris: OECD).经合组织成员国包括:澳大利亚、奥地利、比利时、加拿大、智利、捷克共和国、丹麦、爱沙尼亚、芬兰、法国、德国、希腊、匈牙利、冰岛、爱尔兰、以色列、意大利、日本、韩国、卢森堡、墨西哥、荷兰、新西兰、挪威、波兰、葡萄牙、斯洛伐克、斯洛文尼亚、西班牙、瑞典、瑞士、土耳其、英国和美国。事实上,个别国家的农业补贴率极高。根据经合组织2014年的数据,在欧盟,生产者支持约占农业总收入的20%,而对于日本(56%)、韩国(53%)、挪威(53%)、瑞士(49%)和冰岛(41%)来说,这一比例更大。欧盟的估算国不包括克罗地亚,后者于2013年7月1日加入欧盟。纳入经合组织估算的其他欧盟成员国包括:奥地利、比利时、保加利亚、塞浦路斯、捷克共和国、丹麦、爱沙尼亚、芬兰、法国、德国、希腊、匈牙利、爱尔兰、意大利、拉脱维亚、立陶宛、卢森堡、马耳他、荷兰、波兰、葡萄牙、罗马尼亚、斯洛伐克、斯洛文尼亚、西班牙、瑞典和英国。

亚、哈萨克斯坦、俄罗斯、南非和乌克兰的农业补贴总额就达到了2270亿美元,仅中国就占 1650 亿美元。[①] 由于这几个国家加上经合组织国家的农业生产增加值几乎占全球农业生产增加值的80%,这也就意味着世界范围内的农业生产领域获得了大量补贴,其补贴总额达到每年 4850 亿美元。[②]

如果取消农业灌溉补贴,将有助于提高农业生产效率、提升小生产者和较贫困经济体的竞争力、减轻环境的退化,并且从本书的观点来看,最为重要的是,可以大大减少全球农业用水的消耗。我们将在下一章看到,逐步取消这类补贴可能还会产生另一重要的利好之处。补贴取消将增加许多政府可用资金,这些资金能够为刺激私人研发(research and development,R&D)提供公共支持、政策帮助和投资支持,这种投资对于"新一波"节水和高效用水技术的产生是必要的,而这些节水和高效用水技术对于满足人们的未来用水需求和应对水资源短缺的状况来说,也是至关重要的。

---

① Grant Potter(2014),"Agricultural Subsidies Remain a Staple in the Industrial World"(《农业补贴仍然是工业界的一个主要问题》),Vital Signs,February 28,http://vitalsigns. worldwatch. org/vs-trend/agricultural-subsidies-remain-staple-industrial-world(accessed June 19,2018).

② Grant Potter(2014),"Agricultural Subsidies Remain a Staple in the Industrial World"(《农业补贴仍然是工业界的一个主要问题》),Vital Signs,February 28,http://vitalsigns. worldwatch. org/vs-trend/agricultural-subsidies-remain-staple-industrial-world(accessed June 19,2018).此外,全球农业补贴的94% 主要由位于亚洲、欧洲和北美的富裕和大型新兴市场经济体获得,只有 6% 用于世界其他地区。因此,这种补贴是非常不公平的。

第七章

创新支持

改革机制并结束水价过低的局面,对于避免全球水危机来说,是至关重要的。与此同等重要的是发挥技术创新的作用。

当下最新的技术进步,如海水淡化、地理信息系统(GIS)和遥感,都具备有助于水资源管理并增加淡水供应的潜力。新一代的城市供水系统,也有助于提升用水效率和水资源的可持续利用。此外,灌溉技术和供水系统的一系列创新也有利于农业用水的管理。

某种程度上,更好的水资源治理和管理机制、更有效的水资源定价以及能够在竞争日益激烈和需求日益扩大的情况下良好运作的水资源分配市场,能够促进新的节水技术和水资源分配制度的发展。如果我们关于如何分配和使用水资源的政策决定,开始逐渐能真实反映我们对水资源管理所实际投入的经济、社会和环境成本,那么,在研究、开发和采用新技术方面就会出现更多的激励措施,这将有助于提高水资源的生产力、减少水资源的低效和浪费性使用,并且提高从水资源的消耗性和非消耗性分配中可获取的附加值。

但即便我们克服了水价过低以及缺乏良好的治理和合理制度这些弊端,在新一轮水资源技术的培育上,我们也需要制定额外的政策来支持和推广这些创新。本章旨在探讨在水资源技术领域推动更广泛的经济创新所需要的关键性政策和其他举措：促进企业私人研发活动的公共政策和投资；克服水资源效率悖论；将目前由公共事业部门承担的一些活动私有化；私营部门和公司制定与水资源的成本和风险有关的举措。

创新挑战

正如我们在第三章所提到的，到 2050 年，全球的年取水量预计将达到 43000 亿立方米，人均年用水量将达到 400 立方米左右。相反，请设想这样一个世界：到 2050 年时，尽管世界人口持续增长，但全球取水量大幅下降了。这样，在 2025 年时，人均年用水量就会减少到 350 立方米，到 2050 年时，人均年用水量就会减少到 250 立方米的水平。未来的几十年里，新一轮的水资源技术能够为全球水资源利用带来更乐观的结果（见卡片 7.1）。

卡片 7.1 创新和全球水资源利用

图 3.1 描绘了 1900 年至 2050 年间全球人口和水资源开采量的趋势和预测。下图复制了 1990 年至 2050 年间的这些趋势和预测。它还显示了未来几十年直至 2050 年可能发生的事情（图中虚线），如果全世界开始开展大规模的研究和开发，使节水技术在能够农业、工业和家庭使用中得到广泛应用——例如，设想这些技术，在即便全球人口仍继续增加的情况下，仍可大幅降低从现在至 2050 年间的全球取水量——那么，最终可能会实现人均用水量的大幅下降。例如，如果 2025 年全球用水量为 28000 亿立方米，并且到 2050 年将进一步下降至 23450 亿立方米，那么到 2050 年，人均年水资源开采量将会从 350 立方米降至 250 立方米。

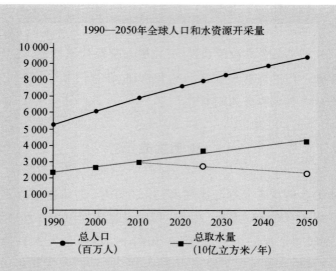

1990—2050年全球人口和水资源开采量

总人口
（百万人）

总取水量
（10亿立方米/年）

资料来源：1990—2050 年全球总人口数据，来自 World Population—Total Midyear Population for the World：1950 - 2050（《世界人口——1950—2050 年世界年中总人口》），U.S. Census Bureau, updated August 2016. Available at https://www. census. gov/population/international/data/worldpop/table_population. php。

1990—2010 年全球水资源总开采量数据，来自 AQUASTAT Main Database, Food and Agriculture Organization of the United Nations(FAO), http://www. fao. org/nr/water/aquastat/data/query/index. html？lang = en(accessed June 12, 2018)。

2025、2050 年全球水资源总开采量（最可信）预测数据，来自 Upali A. Amarasinghe and Vladimir Smakhtin(2014)，Global Water Demand Projections：Past, Present and Future(《全球水资源需求预测：过去、现在和未来》)(Colombo, Sri Lanka：International Water Management Institute)。

　　尽管卡片 7.1 中所描述的预测仅用于说明目的，但也确实体现出了创新在治理全球水资源危机方面的重要性。若要遏制日益增长的用水需求，全世界必须开展大规模的研发工作，从而使节水技术能够在农业、工业和家庭用水中得到广泛应用。

　　目前，一系列重要的创新和技术正在开发，这是令人鼓舞的迹象。若要回顾所有这些创新技术的发展历程，则超出了本章的讨论范围。相反,本章的重点将放在探讨哪些政策和其他相关性的激励措施能够有助于人们广泛且更为迅速地采用新一轮的水资源创新技术。在讨论这些政策和举措之前,有必要简要回顾一下可能对全球水资源管理产生影响的一些关键技术。

能够持续监测资源的状态,对于某项资源的管理来说是极为重要的。就水资源而言,鉴于其独特性,这一点尤为重要。正如我们在第一章所讨论过的,水资源是一种性质特殊的资源,因为其具有高度的流动性、供应量存在波动性、具有季节性的变化,且具有高度的溶解性,可以吸收许多物质。地下水管理和利用方面所存在的一个难题是,人们通常很难真正知道地下含水层中有多少水量,这些地下水的自然补给速度有多快。

遥感、地理信息系统和互联网使用方面的进步,将可能有助于改善我们监测和评估水资源的方式,并有助于设计和执行更好的水资源实践和政策。[①] 遥感和地理信息系统有助于人们对受到干旱、长期水资源匮乏和气候变化影响的地区和人口进行规划安排。[②] 这些技术也有助于水质监测,以及以环保为目的的河道内水

---

① 例如参见 P. D. Aher, J. Adinarayana, S. D. Gorantiwar and S. A. Sawant(2014),"Information System for Integrated Watershed Management Using Remote Sensing and GIS"(《利用遥感和地理信息系统进行流域综合管理的信息体系》), in Prashant K. Srivastava, Saumitra Mukherjee, Manika Gupta and Tanvir Islam, eds., *Remote Sensing Applications in Environmental Research*(《遥感在环境研究中的应用》)(Cham, Switzerland: Springer), pp. 17 – 34; Stephanie C. J. Palmer, Tiit Kutser and Peter D. Hunter(2015),"Remote Sensing of Inland Waters: Challenges, Progress and Future Directions"(《内河遥感:挑战、进展与未来方向》), *Remote Sensing of Environment*(《环境遥感》)157, pp. 1 – 8; Elena Lopez-Gunn and Manuel Ramón Llamas(2008),"Re-thinking Water Scarcity: Can Science and Technology Solve the Global Water Crisis?"(《重新思考水资源短缺:科学技术能解决全球水危机吗?》), *Natural Resources Forum*(《自然资源论坛》)32, pp. 228 – 38; A. Shakoor, A. Shehzad and M. N. Asghar(2006),"Application of Remote Sensing Techniques for Water Resources Planning and Management"(《遥感技术在水资源规划与管理中的应用》), International Conference on Advances in Space Technologies(空间技术进步国际会议), Islamabad, Pakistan, 2 – 3 September。

② 例如参见 A. Agha Kouchak, A. Farahmand, F. S. Melton, J. Teixeira, M. C. Anderson, et al. (2015),"Remote Sensing of Drought: Progress, Challenges and Opportunities"(《干旱遥感:进展、挑战和机遇》), *Reviews of Geophysics*(《地球物理学评论》)53:2, pp. 452 – 80; Elliott et al.(2014); Khurrum Ahmed Khan and Mansoor A. Hashmi(2006),"Drought Mitigation and Preparedness Planning Using RS and GIS"(《利用遥感和地理信息系统进行干旱缓解和防备规划》), 2006 International Conference on Advances in Space Technologies(2006 年空间技术进展国际会议), Islamabad, Pakistan, 2 – 3 September。

流和内陆水域保护。①

但是,也许新的遥感和地理信息系统技术领域最有前景的应用,是那些能够改善用水方式并提升用水效率的技术。这些技术能够确定哪些地区会由水资源可利用量的下降和用水需求的上升而导致可用灌溉用水量下降,以及哪些地区能够通过强化灌溉来更好地适应气候变化。② 水稻是可能获益的一种重要灌溉作物。水稻是世界上超过一半人口的主食(大部分为发展中国家),水稻种植用水约占发达国家淡水资源用量的四分之一至三分之一。③ 遥感技术能够测绘、监测和评估农田用水和生产能力以及水文过程如何影响作物产量。

总的来说,遥感和地理信息系统在全球培育"精准农业"方面具有无限潜力。"精准农业"是在空间和时间上运用密集的数据和信息收集手段,以实现农业投入的更有效利用,从而提高作物产量和环境质量。④ 正如农业遥感应用专家大卫·穆拉(David Mulla)所说:"未来的农场,很可能会按照比当下精准农业技术标准更高的空间和时间分辨率来进行管理。"⑤这将产生两个重要的利好之

① 例如参见 Bonnie Colby, Lana Jones and Michael O'Donnell(2014),"Supply Reliability under Climate Change: Forbearance Agreements and Measurement of Water Conserved"(《气候变化条件下水资源供应的可靠性:宽容协议和节约举措》),in K. William Easter and Qiuqiong Huang, eds., *Water Markets for the 21st Century: What Have We Learned?* (《21 世纪的水资源市场:我们学到了什么?》)(Dordrecht, Netherlands: Springer), pp. 57 – 82; Elliott et al. (2014); Lopez-Gunn and Llamas (2008); Stephanie C. J. Palmer, Tiit Kutser and Peter D. Hunter(2015), "Remote Sensing of Inland Waters: Challenges, Progress and Future Directions"(《内河遥感:挑战、进展与未来方向》), *Remote Sensing of Environment*(《环境遥感》) 157, pp. 1 – 8。

② Elliott et al. (2014).

③ Claudia Kuenzer and Kim Knauer(2013), "Remote Sensing of Rice Crop Areas"(《水稻种植区的遥感技术》), *International Journal of Remote Sensing*(《国际遥感杂志》) 34:6, pp. 2101 – 39.

④ 例如参见 Leila Hassan-Esfahani, Alfonso Torres-Rua and Mac McKee(2015), "Assessment of Optimal Irrigation Water Allocation for Pressurized Irrigation System Using Water Balance Approach, Learning Machines, and Remotely Sensed Data"(《利用水量平衡法、学习机和遥感数据评估加压灌溉系统的最佳灌溉用水分配》), *Agricultural Water Management* (《农业水资源管理》) 153, pp. 42 – 50; David J. Mulla(2013), "Twenty Five Years of Remote Sensing in Precision Agriculture: Key Advances and Remaining Knowledge Gaps"(《精准农业遥感 25 年:关键进展和仍存在的知识缺口》), *Biosystems Engineering*(《生物系统工程》) 114:4, pp. 358 – 71.

⑤ David J. Mulla(2013), "Twenty Five Years of Remote Sensing in Precision Agriculture: Key Advances and Remaining Knowledge Gaps"(《精准农业遥感 25 年:关键进展和仍存在的知识缺口》), *Biosystems Engineering*(《生物系统工程》) 114:4, p.359.

处。首先,灌溉水资源的更有效利用将有助于缓解农作物种植中用水紧张、养分流失、水资源短缺和过度用水的状况。其次,更有效地利用肥料、杀虫剂和其他农业投入,将减少磷酸盐、氮、化学污染物和其他影响淡水水质的污染。

　　其他领域内关于节水农业的研发也在逐渐兴起。例如,在撒哈拉以南非洲和南亚,作物轮作和农业残留物管理实践相结合的做法正在提高保护性农业的产量,这提升了农民采用这些制度的可能性。[1] 价格越来越低廉的管道井和机械泵技术的引入及其广泛应用,推动了地下水利用领域的"社会革命",使新技术的应用更为精确和高效。[2] 滴灌和喷灌系统的改进,可能有助于将水资源更高效地分配到高价值的行栽作物和更多的多年生植物领域,因为这些领域的种植作物几乎不存在水资源流失、蒸发和水资源在粉质土壤深层渗透的现象,从而有利于在提高产量、改善作物质量以及降低杂草控制、施肥和耕作领域的农艺成本方面,产生额外效益。[3] 然而,与任何可以改善水资源供应的技术一样,滴灌技术的采用不能在无意间最终反而导致用水量增加,而不是促进节约用水。

　　城市供水和卫生系统也可能产生重大的技术革命。例如,水文工程师大卫·塞德拉克(David Sedlak)认为,现有大型城市供水系统的投资、维护和运营成本正在逐渐上升,这导致人们需要更积极地开展水资源的再利用,包括"从厕所到水龙头"的水资源再循环,以及回到过去分散式管理的体制:家用水井、屋顶集水和当地

① Cameron M. Pittelkow, Xinqiang Liang, Bruce A. Linquist, Kees Jan van Groenigen, Juhwan Lee, et al. (2015), "Productivity Limits and Potentials of the Principles of Conservation Agriculture"(《保护性农业原则的生产力极限和潜力》), Nature(《自然》) 517:7534, pp.365-8.
② Lopez-Gunn and Llamas(2008).
③ J. E. Ayars, Alan Fulton and Brock Taylor(2015), "Subsurface Drip Irrigation in California: Here to Stay?"(《加利福尼亚州的地下滴灌:停留在这里?》), Agricultural Water Management(《农业水资源管理》) 157, pp.39-47; International Water Management Institute(IWMI,国际水资源管理研究所)(2017), IWMI 2016 Annual Report: Water Solutions for a Changing World(《国际水资源管理研究所2016年度报告:变化世界中的水资源解决方案》)(Colombo, Sri Lanka: IWMI).

地下水利用。① 人们还需要开展更多的研发工作,不仅需要开发这些特定的技术,也需要研究技术间如何结合并进行设计,从而有助于产生面向全球城市社区、住宅和企业的更为分散式的用水和卫生制度。

也许最具前景的技术进步是通过海水淡化技术产生新的淡水资源,即去除海水中的盐分,使淡化后的海水适合人类使用和消费。② 目前,只有在那些水资源可供应量受到严重限制且水资源长期匮乏的国家和地区,采取海水淡化技术才是一种具有可行性和有效性的供水选择。高昂的基础设施和能源成本投入,使海水淡化的价格高企,它比传统水资源处理技术的价格高出两到三倍。海水淡化的这种高成本特性已成为许多国家发展海水淡化的障碍。然而,这项技术的最新发展正在改变人们的看法,即人们原来认为海水淡化只能作为解决水资源短缺问题的最后手段。例如,在为数不多的此类研究中,研究者对中国北方沿海地区的海水淡化和大规模长距离的引水和输水项目,进行成本比较和分析,结果发现海水淡化是更具成本效益的选择。③ 这表明,海水淡化技术的进一步突破,可能很快使这一技术下生产的淡水资源,成为传统大规模水资源供应的一种具有发展前景的替代选择。

考虑到这些技术和其他节水创新技术对全球水危机的影响,

① Sedlak(2014)。

② 例如参见 Fei Li and Eran Feitelson(2017),"To Desalinate or Divert? A Comparative Supply Cost Analysis for North Coastal China"(《进行海水淡化还是水资源转移? 中国北方沿海地区水资源供应成本比较分析》),*International Journal of Water Resources Development*(《国际水资源开发杂志》)33:1,pp.93 – 110;Sedlak(2014);Dong Zhou、Lijing Zhu、Yinyi Fu、Minghe Zhu and Lixin Xue(2015),"Development of Lower Cost Seawater Desalination Processes Using Nanofiltration Technologies:A Review"(《采用纳滤技术的低成本海水淡化工艺的发展:一项研究综述》),*Desalination*(《淡化》)376,pp.109 – 16;Jadwiga R. Ziolkowska(2015),"Is Desalination Affordable? Regional Cost and Price Analysis"(《海水淡化是可承受的吗? 区域成本和价格分析》),*Water Resources Management*(《水资源管理》)29:5,pp.1385 – 97。

③ Fei Li and Eran Feitelson(2017),"To Desalinate or Divert? A Comparative Supply Cost Analysis for North Coastal China"(《进行海水淡化还是水资源转移? 中国北方沿海地区水资源供应成本比较分析》),*International Journal of Water Resources Development*(《国际水资源开发杂志》)33:1,pp.93 – 110。

关键的挑战是如何克服阻碍这一轮新技术得到广泛发展和采用的各种因素。本章的其余部分将讨论实现这一目标的重要政策和其他激励举措。

创新和技术外溢

技术外溢是水资源技术在经济领域实现快速创新的重要推动力。技术外溢主要产生于当一个公司或企业的研发活动所产生的发明、设计和技术,能够以相对低廉的成本和较快的速度传播到其他公司和企业中去的时候。然而,这种技术外溢也削弱了私人公司或企业投资研发活动的积极性。私人投资者承担了研发融资的全部成本,并可能在之后还需要不断更新其技术和产品,但这些创新技术在整个经济体中的继续传播不会为初始投资者带来回报。其结果是,私营公司和企业通常在研发方面投资不足,也就导致整个经济范围内的创新活动减少。正如最近有关绿色和清洁能源创新的文献中所指出的,克服这种导致创新受限的持续性市场失灵,是人们所长期面临的问题。①

因此,私营部门在研发方面的投资不足是出现更为广泛和迅速的创新以及节水技术获得应用推广的一大障碍。克服这一障碍需要两种政策。

---

① 例如参见 Daron Acemoglu, Philippe Aghion, Leonardo Bursztyn and David Hemous (2012), "The Environment and Directed Technical Change"(《环境和直接技术变革》), *American Economic Review* (《美国经济评论》) 102:1, pp.131–66; Edward B. Barbier(2015c), "Are There Limits to Green Growth?"(《绿色增长存在限制吗?》), *World Economics*(《世界经济》) 16:3, pp.163–92; Edward B. Barbier(2016), "Building the Green Economy"(《构建绿色经济》), *Canadian Public Policy* (《加拿大公共政策》) 42: S1, S1–S9; Sam Fankhauser, Alex Bowen, Raphael Calel, Antoine Dechezleprêtre, James Rydge and Misato Sato(2013), "Who Will Win the Green Race? In Search of Environmental Competitiveness and Innovation"(《谁将赢得这场绿色竞赛? 寻求环境竞争力和创新》), *Global Environmental Change*(《全球环境变化》) 23:5, pp.902–13; Lawrence H. Goulder (2004), *Induced Technological Change and Climate Policy*(《诱发性技术变革和气候政策》) (Arlington, VA: Pew Center on Global Climate Change); Dani Rodrik(2014), "Green Industrial Policy"(《绿色产业政策》), *Oxford Review of Economic Policy*(《牛津经济政策评论》) 30:3, pp. 469–91。

正如我们在上一章中所看到的,解决水价过低和其他影响更有效利用水资源的市场障碍是一种重要政策,这也传达出了这样一种信号,即水资源应当得到更有效的利用,并应分配到更具价值的用途之上。这种基于市场激励的有效水价定价机制,是节水技术创新产生的诱因,因为这意味着对这些技术进行投资会产生巨大的收益。这种对创新的激励政策可称为**基于价格和市场的政策**。[1]

这种政策可能对结束水价过低的局面并提高节水技术的回报率来说是至关重要的,但政策本身并没有直接解决公司和企业在这些节水技术创新的开发和传播方面投资不足的趋势问题。相反,随着许多公司对新的节水技术、产品和工艺变得越来越熟悉,我们还需要开展第二套**技术推动政策**,以支持私营部门的研发和创新并鼓励它们边实践边学习。[2]

这种政策通常包括某种形式的补贴和其他公共支持政策,主要是当某一公司所开发出的技术研发成果能使所有公司采用,产生外溢效应并创造出更广泛的利益时,对这类公司和企业所给予的支持。此外,负责水资源总体规划和管理的机构应确定新一轮水资源技术的使用,这对管理和控制城市、工业和农业领域内所有关键部门用水需求和短缺状况来说,是至关重要的。此外,目前处于研发前沿的主要政府机构、私营实体以及公共、私人和学术性质的研究机构,也应获得公共支持和投资。在城市地区,城市规划

---

[1] 见 Edward B. Barbier(2015c),"Are There Limits to Green Growth?"(《绿色增长存在限制吗?》),*World Economics*(《世界经济》)16:3,pp. 163 – 92;Edward B. Barbier(2016),"Building the Green Economy"(《构建绿色经济》),*Canadian Public Policy*(《加拿大公共政策》)42:S1,S1 – S9。Lawrence H. Goulder(2004),*Induced Technological Change and Climate Policy*(《诱发性技术变革和气候政策》)(Arlington, VA:Pew Center on Global Climate Change)将这种类型政策称为"技术推动"政策。

[2] 见 Edward B. Barbier(2015c),"Are There Limits to Green Growth?"(《绿色增长存在限制吗?》),*World Economics*(《世界经济》)16:3,pp. 163 – 92;Edward B. Barbier(2016),"Building the Green Economy"(《构建绿色经济》),*Canadian Public Policy*(《加拿大公共政策》)42:S1,S1 – S9;Lawrence H. Goulder(2004),*Induced Technological Change and Climate Policy*(《诱发性技术变革和气候政策》)(Arlington, VA:Pew Center on Global Climate Change)。

者、公共事业部门和地方政府需要规划和投资新的节水技术模式，在这些模式下，新的节水技术能够互相结合并进行设计，以便向城市社区、住宅和企业提供更加分散化的用水和卫生系统服务。由政府资助的技术竞赛、加强专利规则的制定和其他支持研发的公共项目也应当纳入考虑。

这两种政策对于促进更大范围内的经济创新和节水技术的采用来说，都是非常重要的。技术推动政策促使私营部门进行创新和边实践边学习，并将成果迅速传播到所有的企业和部门中，而基于价格和市场的政策提高了人们采用这些创新技术的回报率，从而鼓励所有的水资源使用者开始对这类技术进行投资。

克服用水效率悖论

在关于消费者和企业采用节能技术和产品的相关研究中，人们曾指出一种**能源效率悖论**。这导致一种倾向于不向此类节能技术和产品投资的趋势，因为市场和其他领域的障碍使这些节能技术和产品在短期内看起来比其实际的价格更贵。[①] 例如，汽车购买者可能没有充分考虑到未来汽油价格上涨的成本，从而在购车时选择了燃油使用效率较低的汽车车型。购买节能设备和机器的公司可能面临着更高的运营和维护成本，因为他们对新技术设备并

---

① 例如参见 Hunt Allcott and Nathan Wozny（2014），"Gasoline Prices, Fuel Economy, and the Energy Paradox"（《油价、燃油经济和能源悖论》），*Review of Economics and Statistics*（《经济学与统计学评论》）96∶5，pp. 779 - 95；Jasmin Ansar and Roger Sparks（2009），"The Experience Curve, Option Value, and the Energy Paradox"（《经验曲线、期权价值和能源悖论》），*Energy Policy*（《能源政策》）37∶3，pp. 1012 - 20；Kenneth Gillingham，Richard Newell and Karen Palmer（2006），"Energy Efficiency Policies：A Retrospective Examination"（《能源效率政策：回顾性研究》），*Annual Review of Environment and Resources*（《环境与资源年鉴》）31，pp. 161 - 82；Nigel Jollands，Paul Waide，Mark Ellis，Takao Onoda，Jens Laustsen，et al.（2010），"The 25 Energy Efficiency Policy Recommendations to the G8 Gleneagles Plan of Action"（《八国集团格伦伊格尔斯行动计划的 25 项能效政策建议》），*Energy Policy*（《能源政策》）38∶11，pp. 6409 - 18；Tom Tietenberg（2009），"Reflections：Energy Efficiency Policy-Pipe Dream or Pipeline to the Future?"（《反思：能源效率政策——白日梦还是通往未来的路径?》），*Review of Environmental Economics and Policy*（《环境经济学与政策评论》）3∶2，pp. 304 - 20。

184 | 同一颗星球 | 水悖论

不熟悉,且他们的售后服务信息和支持措施也可能较差。选择家用电器的家庭,也缺少足够的产品信息来了解不同产品选择在节能方面的潜力。

许多节水产品和技术也可能存在类似的**用水效率悖论**。对于用水者来说,市场和其他方面存在的障碍因素可能会使这些节水产品和技术的价格超出其实际效用,或者至少看起来更贵。例如,在西班牙,能够实现更高效用水的改良后的灌溉技术并没有被农民们迅速采用,因为新的泵送加压系统需要支付更高的燃料费用,其系统的运营和维护成本也更为昂贵,需要支出相当于以往成本的 4 倍来进行运营维护。① 有关拥有自动洒水系统家庭的调查显示,他们比使用手动喷洒系统的家庭消耗了更多的水资源,并且那些安装了其他节水设备的家庭,如安装了高效用水厕所设备的家庭,其实际上的总用水量是增加的。对于喷洒系统来说,自动洒水系统因其便利性,实际上可能鼓励过度浇水行为的产生,即使设计这一技术的初衷是节约用水。就厕所而言,则可能产生一种"反弹效应",即在安装节水装置后,家庭住户就会调整其用水习惯和行为,而这些行为习惯的调整可能恰恰导致其最终用水量的增加。② 在发展中国家,对改进节水灌溉技术的知识和信息的匮乏,阻碍了较贫穷农民对这类技术的采用,尤其是对于劳动力短缺的女性户主家庭,新系统的安装、运行和维护成本更高。③

---

① J. A. Rodríguez-Díaz, L. Pérez-Urrestarazu, E. Comacho-Poyato and P. Montesinos(2011), "The Paradox of Irrigation Scheme Modernization: More Efficient Water Use Linked to Higher Energy Demand"(《灌溉计划现代化的悖论:将更有效用水与更高能源需求相联系》), *Spanish Journal of Agricultural Research*(《西班牙农业研究杂志》) 9:4, pp. 1000 – 8.

② Maria A. Garcia-Valiñas, Roberto Martínez-Espiñeira and Hang To(2015), "The Use of Non-Pricing Instruments to Manage Water Demand: What Have We Learned?"(《使用非定价工具管理水需求:我们学到了什么?》), in Quentin Grafton, Katherine A. Daniell, Céline Nauges, Jean-Daniel Rinaudo and Noel Wai Wah Chan, eds., *Understanding and Managing Urban Water in Transition*(《理解和管理转型过程中的城市用水》)(Dordrecht, Netherlands: Springer), pp. 269 – 80.

③ IWMI(2017), *IWMI 2016 Annual Report: Water Solutions for a Changing World*(《国际水资源管理研究所 2016 年度报告:变化世界中的水资源解决方案》)(Colombo, Sri Lanka: IWMI).

诸多信息、市场和技术壁垒可能是用水效率悖论的成因。如表7.1所示,对节水技术的采用造成阻碍的因素多种多样,需要我们采用不同的政策干预。尽管水资源的定价效率低下,正如我们在第六章中所强调的,补贴和其他价格扭曲可能是最重要的障碍因素,此外还存在着许多信息、市场和技术领域的因素,阻碍用水者投资和购买能够提升节水和用水效率的新技术。这些都要求人们需要确保颁布正确的政策组合,以促进新技术、设备和产品的传播。

例如,城市住宅节水设备的改造项目,如节水洗衣机、小容量或双冲水马桶、安装了水流限制器的水龙头或低水流量的淋浴喷头,都可以通过法规形式而强制人们采用实施,或通过补贴的方式鼓励人们购买。当这些法规或激励措施能够与公共信息计划相结合,从而向人们宣传这些设备对于节水的重要性时,其采用率就会高得多。① 为这些设备的用水效率等级提供标签显示,也有助于节约用水。在澳大利亚,节水产品和设备采用了强制性的标签制度,这种方式也为其他国家和地区采用相似的计划提供了借鉴,其中就包括欧洲和新西兰所采用的制度。相比之下,美国自愿性的"节水意识"(WaterSense)②产品标签计划被证明效果较差。③

---

① Maria A. García-Valiñas, Roberto Martínez-Espiñeira and Hang To(2015), "The Use of Non-Pricing Instruments to Manage Water Demand: What Have We Learned?"(《使用非定价工具管理水需求:我们学到了什么?》), in Quentin Grafton, Katherine A. Daniell, Céline Nauges, Jean-Daniel Rinaudo and Noel Wai Wah Chan, eds., *Understanding and Managing Urban Water in Transition*(《理解和管理转型过程中的城市用水》)(Dordrecht, Netherlands: Springer), pp. 269-80.

② 译者注:"节水意识"(WaterSense)是由美国国家环境保护局(Environmental Protection Agency, EPA)发起的一项合作伙伴计划,主要致力于帮助用户更简便地节约用水和保护环境,并通过各项水能效推广计划促进和加强水效产品服务市场的发展,达到保护国家未来供水资源的目标。产品符合 EPA 水能效和性能标准要求,便可贴上 WaterSense 标签。

③ Maria A. García-Valiñas, Roberto Martínez-Espiñeira and Hang To(2015), "The Use of Non-Pricing Instruments to Manage Water Demand: What Have We Learned?"(《使用非定价工具管理水需求:我们学到了什么?》), in Quentin Grafton, Katherine A. Daniell, Céline Nauges, Jean-Daniel Rinaudo and Noel Wai Wah Chan, eds., *Understanding and Managing Urban Water in Transition*(《理解和管理转型过程中的城市用水》)(Dordrecht, Netherlands: Springer), pp. 269-80.

表 7.1　采用节水技术的障碍

类型	障碍	与障碍相关的主要问题	政策措施
信息和行为障碍	价格扭曲	效率较低的用水技术成本可能没有体现在水价中;低效用水技术可能获得了补贴	消除价格扭曲和补贴;运用适当的市场工具
	信息	在投资时不易获得或获取关于节水技术的可用性和具体性质的信息	提高节水技术信息的可获得性和可用性
	交易成本	做出购买节水技术的决定时的感知成本大于感知收益	降低交易成本
	有限理性	在时间、注意力和处理信息能力方面的限制因素,导致消费者做出效率低下和次优的决策	减少对消费者决策方面的限制因素
市场组织壁垒	资金	投资或购买节水技术的初始成本可能过高;资金获取困难或受限	增加融资渠道
	效率低下的市场组织	委托代理问题;低效用水技术的卖家可能会使用市场力量来保护自己的地位	增加融资渠道;更好的市场组织;更优的政策设计
	国家或国际层面的监管不力	法规和规范的发展不同步或导致效率低下	改进监管框架、标准和实施过程
技术障碍	资本周转率	沉没成本;税收法规或鼓励长期折旧的政策;惯性	增加对以节水技术为载体的新资本的投资激励政策
	缺乏竞争力的市场定价和做法	未能从规模经济、边实践边学习、技术扩散中获益	规范和改革无竞争力的定价行为;提高规模经济效应、边实践边学习能力和技术扩散范围
	技术和特定技能障碍	对节水技术不熟悉或人们对节水技术的技能掌握不足	提高技能和技术知识

　　在发展中国家,国际水资源管理研究所(IWMI)运用多种方法,帮助农民克服在采用节水灌溉系统过程中所面临的诸如价格因素以外信息获取、市场交易和技术等方面的障碍。国际水资源管理研究所也正在与印度和尼泊尔的农业集体组织合作(其中包括以女性为户主的家庭),向这些家庭传播与新技术有关的信息和

知识,并为这些家庭开展安装、操作和维护方面的培训。在印度西
部和巴基斯坦,国际水资源管理研究所正在使用激光引导土地平
整技术,并将其作为在平整地表和改变田间布局上成本效益较高
的方法,这也能够提高地下水灌溉稻田的用水效率。[①]

一项综合的创新战略

　　总之,若要产生能够提升和传播节水创新技术的综合战略,需
要结合**技术推动政策**,这样能够激励更多的私人研发和鼓励边实
践边学习的方式,并结合**基于价格和市场的政策**,这样能够提高使
用节水技术的投资回报率,以及结合**针对这些技术应用障碍的政
策**。这些政策不仅对实现更大程度上的水资源节约和需求管理起
到了补充作用,而且,从基于价格和市场的政策中获得或节省的收
入,可用于资助技术推动政策以及任何旨在消除有效用水障碍因
素的政策计划。

　　图 7.1 描述了这种节水创新综合战略。取消补贴政策,以及
实行与水价和市场相关的成本回收模式,将促进收益增加和成本
节约。这些方面所带来的财政储蓄和收入可用于资助提升节水技
术创新所需的具体技术推动政策,比如为形成这些创新所需的私
人和公共研发提供补贴,培育分散的节水系统,等等。同时,节约
下来的财政收入还应为图 7.1 所列的政策措施提供资金,因为这
些政策措施主要是为了应对节水技术在应用过程中的具体市场、
信息和技术障碍。

---

① IWMI(2017), *IWMI 2016 Annual Report: Water Solutions for a Changing World*(《国际水资源管理研
究所 2016 年度报告:变化世界中的水资源解决方案》)(Colombo, Sri Lanka: IWMI).在巴基斯坦,
政府也在将灌溉权下放给农民组织和集体。其结果是,集体管理面临着一系列独特的信息、市场
和技术障碍,并且人们需要克服这些障碍,以提高灌溉生产率和效率。见 Aatika Nagrah, Anita M.
Chaudhry and Mark Giordano(2016), "Collective Action in Decentralized Irrigation Systems: Evidence
from Pakistan"(《分散灌溉系统中的集体行动:来自巴基斯坦的证据》), *World Development*(《世界
发展》)84, pp. 282 – 98。

例如,如第六章所述,全球主要粮食生产国的农业补贴每年约为 4850 亿美元。逐步取消部分或全部补贴不仅将大大减少农业用水,引导农民更多地向节水技术领域投资,其节约下来的经费还将为各国提供额外资金,以投资于图 7.1 所显示的技术推动和应用政策领域。

对于一些国家来说,其灌溉补贴水平本身就非常高,应该进行合理化的改革。例如,第六章还讨论了印度安得拉邦的情况,据估计,该邦与三个主要水利项目有关的灌溉补贴已超 2.82 亿美元。如果通过提高资本回收率、降低运营和维护成本的方式来逐步取消这些补贴,那么节省下来的资金,就可用于扩大国际水资源管理研究所在印度开展的一些旨在消除农民采用节水灌溉系统障碍的项目和试点计划。

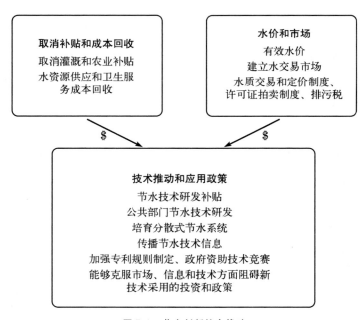

图 7.1　节水创新综合战略

随着一些国家转向采用更有效的水资源定价机制,并建立起市场和交易机制,在各类竞争性的用水需求之间重新分配水资源,以及发展水资源许可证拍卖、排污税和水资源交易制度以减少水污染、改善水质,额外的资金收入将由此增加。这些资金的首要任务应该是确保这类水资源市场和交易制度的长期可持续性和正常运作,尤其在这类市场和制度的覆盖面不断扩大的情况下。然而,这些额外的资金收入也可用来支持图7.1中所列出的技术推动和应用政策,这将促进整个经济范围内更大程度的创新以及节水技术的真正实施。

私有化

节水创新综合战略表明,私营部门在研究、开发和推广许多技术方面发挥了重要作用,而这些技术也是对提高用水效率并减少各经济体总用水量起到关键作用的技术。然而,如前几章所述,现有的供水基础设施和供水网络主要由公共部门投资、管理和运营,甚至所有权属于公共部门,如政府机构和公共事业单位。

这就引出了一个重要的政策问题:若对目前一些由公共部门承担的基础设施、供水网络和供水服务进行私有化,是否能够推动节水技术在经济范围内出现更大程度的创新,并提升水资源使用和管理的效率?

这是一个很难得出结论的问题。一方面,大多数国家的私有化仅限于由私人企业接管此前由公共事业部门所提供的供水服务。只有在少数情况下,私人公司收购了整个供水网络,或对大型水资源或废水基础设施投资的所有资金都是私人资金。① 在大多数情况下,考虑到水资源的储存、供给和输送等方面所内含的规模

① K. William Easter(2009). "Demand Management, Privatization, Water Markets, and Efficient Water Allocation in Our Cities"(《我们城市的需求管理、私有化、水资源市场和高效水资源分配》), in L. A. Baker, ed., *The Water Environment of Cities*(《城市水资源环境》)(New York: Springer), pp.259-74.

经济效应,公共供水部门仍然是进行水资源服务大范围拓展方面消耗成本最低的选择。

然而,许多国家政府缺乏足够资金来源,水资源的储存和输送方面的基础设施投资不足,导致了诸如水资源服务覆盖率低、成本回收率低、供水服务的维护和拓展效果较差的问题,这些问题也令许多国家开始反思这一模式。例如,在美国,80% 以上的人口是由服务规模超过 1 万人的大型公共供水系统提供供水服务的,且超过一半的人口是由服务规模超过 10 万人的大型系统提供服务的。然而,这些公共供水系统面临着越来越大的压力,如系统中老化的基础设施需要及时更换,并需要满足人口增加所带来的日益增长的用水需求;因存在大量需要维修的漏水管道,公共供水系统每天估计损失 2300 万立方米的清洁饮用水,占总用水量的 14% 。[①]

在美国和其他富裕国家,私有化的主要作用仍然是向供水服务市场引入竞争机制,主要通过允许不同公司在现有的输送网络中进行竞争并提供相关服务,或通过允许私人特许经营权或协议的方式来管理全部或部分的公共供水事业部门的方式来进行。对这种模式或私有化的管理和监管必须谨慎,以避免供水服务质量或整体供水网络性能的下降。[②] 在智利的圣地亚哥,这种私有化是通过成立一家财政上独立于政府的公共供水事业公司来实现的,这家公司以承包私人特许经营权的方式来进行水费的计费和收取,并提供管道的更换和维修服务。其最终效果是提高了供水服务的成本回收率,实现了节约用水,减少了用水管道的非法连接和人为破坏水表的行为。[③]

[①] Barbier and Chaudhry(2014).

[②] François Destandau and Serge Garcia(2014), "Service Quality, Scale Economies and Ownership: An Econometric Analysis of Water Supply Costs"(《服务质量、规模经济和所有权:供水成本的计量经济学分析》), *Journal of Regulatory Economics*(《监管经济学杂志》) 46:2, pp.152 – 82.

[③] Easter(2009).

在许多高收入国家,为了控制投资成本上升给政府带来的财政负担,人们越来越多地使用私人承包商来设计和建造水处理和供应设施,这些设施在竣工后再交由市政当局进行管理和运营。在某些情况下,私营公司在设施建造完成后还可以继续经营该设施,或在很长的初始阶段(例如 30 年)内继续经营,再将这些设施的所有权转让给公共事业部门。来自美国的证据表明,后一种所有权模式在节约成本方面,比由私人建成后直接交由公共部门进行运营的传统方式更为有效。[1]

在发展中国家,提供供水和卫生服务方面出现了向公共-私人部门的合作关系模式(public-private partnership,PPP)的转变趋势,这种趋势较多出现在为扩大覆盖面而向城区缺乏这类服务的居民提供相关供水服务的情况下。然而,这类合作关系的最终表现喜忧参半。[2] 尽管取得了一些成功,但公共-私人部门的合作关系模式经常会因为存在诸如特许经营权制定设计的范围过大和过于草率,较易受到经济波动的影响,以及因政府治理能力较弱而出现政治机会主义等因素,从而遭遇失败。

印度和中国所采取的公共-私人部门的合作关系模式,其经验对比对我们来说是具有启发性的。[3] 在中国,通过公共-私人部门的合作关系模式提供供水服务的人口由 1989 年占总人口 8% 的水平,增长到了 2008 年近 40% 的水平。相比之下,在同一时期,印度的公共-私人部门的合作关系模式却几乎没有发展。两国的经济、

① Easter(2009).
② 例如参见 Okke Braadbaart(2005),"Privatizing Water and Wastewater in Developing Countries: Assessing the 1990s' Experiments"(《发展中国家水资源和污水的私有化:评估 20 世纪 90 年代的经验》),*Water Policy*(《水资源政策》)7:4, pp. 329 – 44; Olmstead(2010a); Xun Wu, R. Schuyler House and Ravi Peri(2016),"Public-Private Partnerships(PPPs)in Water and Sanitation in India: Lessons from China"(《印度水资源和卫生领域的公共-私人部门的合作关系模式:来自中国的教训》),*Water Policy*(《水资源政策》)18:S1, pp. 153 – 76。
③ Xun Wu, R. Schuyler House and Ravi Peri(2016),"Public-Private Partnerships(PPPs)in Water and Sanitation in India: Lessons from China"(《印度水资源和卫生领域的公共-私人部门的合作关系模式:来自中国的教训》),*Water Policy*(《水资源政策》)18:S1, pp. 153 – 76.

治理和制度环境的不同是这种差异存在的主要原因。在中国,水费收费制度的改革、国家政府的大力支持和监督以及能够保障公共-私人部门的合作关系模式发展和可持续的可靠有效的监管机制等这些因素,促进了公共-私人部门的合作关系模式不断发展,从而为人们提供越来越多的水资源和卫生服务。印度则基本不具备上述这些因素。

有关私有化是如何影响节水创新的证据还较少。然而,主要针对法国、德国、西班牙、英国和美国等少数国家中水资源相关公用事业私有化经验的一系列研究发现,私有化的转向对技术创新具有促进作用,但私有化并没有显著改变供水基础设施和供水网络效率以及提高其速度。① 例如,1989 年英格兰和威尔士的供水和卫生服务公共事业被完全私有化,成为接受政府管制的私营垄断企业。尽管私有化后技术变革的成效有所改善,但生产效率并没有得到提升,这主要归因于私营水务公司在私有化后似乎难以跟上技术进步的节奏而损失了生产效率,并且区域垄断的规模范围过大可能影响了总体生产效率的提升。②

---

① 例如参见 Richard Allan, Paul Jeffrey, Martin Clarke and Simon Pollard(2013),"The Impact of Regulation, Ownership and Business Culture on Managing Corporate Risk within the Water Industry"(《水资源产业中的监管、所有权和商业文化层面企业管理风险影响》),*Water Policy*(《水资源政策》)15:3, pp. 458 - 78; Arunava Bhattacharyya, Thomas R. Harris, Rangesan Narayanan and Kambiz Raffiee(1995),"Specification and Estimation of the Effect of Ownership on the Economic Efficiency of the Water Utilities"(《所有制对水资源设施经济效率影响的规范和评估》),*Regional Science and Urban Economics*(《区域科学与城市经济学》)25:6, pp. 759 - 84; Sophia Ruester and Michael Zschille(2010),"The Impact of Governance Structure on Firm Performance: An Application to the German Water Distribution Sector"(《治理结构对公司绩效的影响:德国供水行业的应用》),*Utilities Policy*(《公共事业政策》)18:3, pp. 154 - 62; David S. Saal, David Parker and Tom Weyman-Jones(2007),"Determining the Contribution of Technical Change, Efficiency Change and Scale Change to Productivity Growth in the Privatized English and Welsh Water and Sewerage Industry, 1985 - 2000"(《确定技术变革、效率变革和规模变革对私有化后英国和威尔士水资源和废水工业生产率增长的贡献,1985—2000 年》),*Journal of Productivity Analysis*(《生产力分析杂志》)28:1 - 2, pp. 127 - 39。
② David S. Saal, David Parker and Tom Weyman-Jones(2007),"Determining the Contribution of Technical Change, Efficiency Change and Scale Change to Productivity Growth in the Privatized English and Welsh Water and Sewerage Industry, 1985 - 2000"(《确定技术变革、效率变革和规模变革对私有化后英国和威尔士水资源和废水工业生产率增长的贡献,1985—2000 年》),*Journal of Productivity Analysis*(《生产力分析杂志》)28:1 - 2, pp. 127 - 39.

总之,如果实施得当,水务服务和基础设施方面私有化和竞争性加剧可能有利于成本回收率上升,有效促进节约用水,且扩大供水服务的覆盖面,但私有制能够促进节水创新的假设尚未得到证实。

企业举措

越来越多的证据表明,私营公司正注意到与水资源短缺有关的企业风险和成本支出的增高。2016 年,水资源短缺导致全球企业运营成本支出超过了 140 亿美元,包括支付罚款、产量损失、为建造新的水处理系统以及为了确保水资源安全而寻求新水源上的成本支出。[①] 全球 70% 的大型公司已将水资源短缺视为一种重大风险,无论是在其直接运营过程中还是在其供应链中所面临的水资源短缺。[②] 投资者和公司客户也要求公司主动披露水资源短缺所造成的影响。截至 2018 年 6 月,共有 639 个机构投资者(这些机构投资者的总资产达到了 69 万亿美元)和 34 家采购组织(这些采购组织在全球供应链上总支出达到了 1 万亿美元),要求公司公开水资源短缺信息和风险,以便投资者进行投资决策和调整。[③] 此外,气候变化带来的威胁又加剧了人们的这类担忧,这也越发促使公司积极采取措施来避免与水资源相关的负面影响,如制定投资和应急计划以克服水资源短缺或气候变化加剧导致的水资源长期性匮乏。[④]

---

① CDP(2016), *Thirsty Business: Why Water Is Vital to Climate Action*(《饥渴的生意:为什么水对气候行动至关重要》)(London: CDP Worldwide), https://www.cdp.net/en/research/global-reports/global-water-report-2016(accessed June 20, 2018).

② Culp et al.(2014).

③ CDP(2017), *A Turning Tide: Tracking Corporate Action on Water Security*(《一种转变趋势:追踪企业在水安全方面的行动》)(London: CDP Worldwide), https://www.cdp.net/en/research/global-reports/global-water-report-2017(accessed June 20, 2018).

④ Edward B. Barbier and Joanne C. Burgess(2018), "Innovative Corporate Initiatives to Reduce Climate Risk: Lessons from East Asia"(《减少气候风险的创新性企业举措:东亚的经验教训》), *Sustainability*(《可持续性》)10:1, art. 13.

这些不断上升的成本和风险,以及投资者和公司客户对披露此类影响的要求,促使公司改进内部审计,以应对日益严重的水资源短缺可能对其投资和运营造成的成本增加。此外,内部成本核算和改善环境绩效的需要正在鼓励企业进行创新,以减少水资源的使用。

越来越多的公司出于内部审计目的而采用水估价工具,这些工具为公司提供了一个"影子"水价,用来对水资源短缺造成的这类影响进行估价。[①] 影子价格和内部成本核算的方法,被证明在帮助企业提升用水和水资源风险方面所需潜在经济成本的认知上,是尤其具有价值的。这样的审计也有助于公司对水价上涨的可能性进行规划,以期在未来的政策举措中提高成本回收率并实现节约用水。例如,在 2017 年,有 53 家公司报告称,由于预期可能会出现水价上涨和监管政策的变化,因此采用了内部水价,用来说明其用水的经济和环境成本。[②]

例如,中国水危机(China Water Risk),一个在处理东亚水资源相关问题上处于领先地位的非政府组织,使用这类工具并用影子水价来帮助某个地区的主要电力生产商了解和评估水资源风险。[③] 英国的酒精饮料公司帝亚吉欧(Diageo)是全球最大的烈酒生产商和主要的啤酒生产商,该公司使用了内部成本定价的方法来估算指定工厂的总用水成本,这使得公司能够事先规划如何应对价格或关税增长可能对财务造成的影响,并有助于实现其期望在 2015 年至 2020 年间将水资源利用效率提高 50% 的总体目标。[④] 事实证明,企业内部的水价定价方法,推动了类似智能水表等创新技术产品

[①] Natural Capital Declaration(2015), *Towards Including Natural Resource Risks in Cost of Capital: State of Play and the Way Forward*(《将自然资源风险纳入资本成本之中:现状和发展方向》)(Geneva: UNEP Finance Initiative/Oxford: Global Canopy Programme), available at http://www.unepfi.org/fileadmin/documents/NCD-Natural ResourceRisksScopingStudy. pdf(accessed June 20, 2018).
[②] CDP(2017).
[③] Barbier and Burgess(2018).
[④] CDP(2017).

的推广。这些创新产品能够提供用水和水资源损耗的实时数据,并向企业提供节约用水所需的信息,从而降低企业的水费支出。[①]

卡片7.2　节水创新的企业举措

在2017年的全球水资源报告中,CDP(前身为碳披露项目,Carbon Disclosure Project)列举了一些能够产生重要节水创新的企业项目。一些例子如下:

- 印度烟草公司(ITC Limited of India)已为该国的水资源干预措施投资了近900万美元,建造了1万个水资源收集单元,并运用示范农场的方式向大众分享高效灌溉和土壤保护的最佳实践经验。

- 台湾科技公司友达光电(AU Optronics)公司已经投入4970万美元用于提升所有分公司点水资源使用的效率,其已将水资源的回收率提升到了90%的水平,并将加工过程用水零排放作为目标,确保干旱情况下的水供应。

- 德国香料生产商德之馨(Symrise)公司已经投资了1200万美元,另外还批准了4700万美元的计划,用于增加合成薄荷醇的生产,以替代生产过程高度耗水的天然薄荷油。这种替代产品减少了德之馨公司的水足迹[②]及其对地下水资源的影响。

- 美国铝业公司(Alcoa)在澳大利亚业务上投资了1.15亿美元,用于安装过滤系统,该系统每年可减少3.17亿加仑的淡水资源使用量,也减少了污水排放量。

[①] Barbier and Burgess(2018).

[②] 译者注:水足迹指的是一个国家、一个地区或一个人,在一定时间内消费的所有产品和服务所需要的水资源数量,形象地说,就是水在生产和消费过程中踏过的脚印,也即在日常生活中公众消费产品及服务过程所耗费的那些看不见的水。

> ● 美国个人护理产品公司金佰利（Kimberly-Clark）公司投资 900 万美元，用于在其位于秘鲁的一处工厂设施上安装新的废水处理系统。这一新系统将采用循环用水的方式，来减少水资源的使用和废水排放。此外，金佰利公司正使用内部定价的方式来计算其在采购、消费和废水处理方面与水资源相关的实际成本，从而帮助公司为其他减少用水和水资源回收项目筹措资金。
>
> 资料来源：CDP（2017）。

2017 年，众多企业纷纷做出承诺（共涵盖 91 个国家的 1000 多个项目，总投入 234 亿美元）以应对水资源风险。[①] 卡片 7.2 提供了其中一些项目的例子，这些项目涉及企业在节水创新和新技术方面所进行的大量投资。正如这些举措所表明的那样，许多公司正在采取一种规避风险的方法来应对水资源短缺，因为他们预计今后的用水需求会增加且水价会上涨。因此，企业越来越倾向于制定雄心勃勃的愿景和目标，以减少公司活动对水资源造成的影响，并利用节水创新的投资来实现这些目标。

然而，只要水价保持较低的水平，公司和其他用户支付的费用低于供水成本，人们对节水技术进行进一步投资的动力就会变弱。正如我们在本章中所看到的，一项能够促进并推广节水创新的综合战略，需要结合鼓励更多私人研发和边实践边学习模式的技术推动政策、提高节水技术投资回报率的基于价格和市场的政策以及致力于消除这些技术在应用上面临的障碍的政策。

---

① CDP（2017）.

第八章

管理一种全球性的资源

正如我们在第四章所看到的,现有的两个紧迫的全球性问题就是跨界水资源和"水资源抢占"所带来的潜在冲突。这是当前水悖论所带来的两个重要挑战。随着水资源变得越来越稀缺和珍贵,而各国无法有效管理各类竞争性的用水需求,这些国家就会越来越多地向其国外寻求更多的水资源补给。

全球水资源管理复杂性的主要问题在于许多国家共享水资源,包括共享河流流域、大型湖泊、含水层和其他常常跨越国界的淡水水体。这种跨界水资源对于许多居民、国家和地区来说是十分重要的水源,且这些地区的人们对这类跨界水资源的需求是在不断增加的。虽然目前有 300 多项国际淡水协定,但许多共享水资源区域仍然缺乏任何形式的管理架构,并且一些现有的国际协定还需要更新和改进。[①] 通过合作来解决水资源争端的方式显现出越来越多的问题,而共享水资源的国家为数众多,也正是这些困

---

① Giordano and Wolf（2003）；Wolf（2007）. 又见 UNEP（2002），*Atlas of International Freshwater Agreements*（《国际淡水资源条约地图集》）（Nairobi；UNEP），available at https：//wedocs. unep. org/handle/20. 500. 11822/8182（accessed June 15, 2018）。

难的存在,使问题的解决变得更为复杂。①淡水生态系统和流域的调整变化以及气候变化等全球环境威胁,也会使跨界水资源的管理变得越来越难。

许多水资源短缺、人口众多而具备充足财富的国家,正通过"水资源抢占"(即向其他国家投资以获得肥沃土地和水资源)的方式,来满足本国当前和未来的粮食安全需要。② 水资源抢占可能会对被取水目标国(其中大部分是发展中国家)的粮食生产造成不利影响,甚至会导致其国民健康出现营养不良的状况。③ 如果未来的土地和水资源兼并仍然主要发生在贫穷国家,那么这些国家之间可能会在征用的合法性、补偿基础的确定、如何满足当地群众的用水需求、如何保护生态系统的完整性以及如何确保国家的粮食安全等方面产生争议和冲突。④

因此,如果无法成功化解跨界水资源和水资源抢占方面的争端,那么这些争端就可能成为国家内部动乱和国际冲突的根源。本章将讨论如何通过更好的全球管理来避免这种不利结果,这也应成为国际社会的一项优先事务。

管理跨界水资源⑤

在第四章中,我们指出有两个主要的水资源跨界管理问题亟

① Song and Whittington(2004);Wolf(2007).
② Brown Weiss(2012);Hoekstra and Mekonnen(2012);Rulli et al.(2013).
③ Rulli et al.(2013).
④ Brown Weiss(2012).
⑤ 与跨界水资源管理有关的经济、治理和体制问题的进一步讨论,见 Barbier and Bhaduri(2015);Shlomi Dinar(2009),"Scarcity and Cooperation along International Rivers"(《与国际河流相关的稀缺性与合作》),*Global Environmental Politics*(《全球环境政治》)9:1,pp. 108 – 35;Shlomi Dinar, Ariel Dinar and Pradeep Kurukulasuriya(2011),"Scarcity and Cooperation along International Rivers: An Empirical Assessment of Bilateral Treaties"(《与国际河流相关的稀缺性与合作:双边条约的实证评估》),*International Studies Quarterly*(《国际研究季刊》)55:3,pp. 809 – 33;Anton Earle and Marian J. Neal(2017),"Inclusive Transboundary Water Governance"(《包容性跨界水资源治理》),in Eiman Karar,ed.,*Freshwater Governance for the 21st Century*(《21 世纪淡水治理》)(London: SpringerOpen),pp. 145 – 58;Petersen-Perlman et al.(2017);Song and Whittington (转下页)

待解决。第一,许多国际跨界河流流域和其他存在水资源共享情况的地区,仍然缺乏任何形式的管理架构,并且一些现有的国际协定还需要更新和改进。这一问题在国际跨界河流流域表现得尤为突出,在这些流域中,各国都在规划大型基础设施项目,以满足本国未来的用水需求,但在管理上尚未与邻国达成正式协议(见表 4.1)。①

第二,即使存在水资源共享协议,这些协议可能也无法充分解决未来由水资源短缺和气候变化导致的争端。例如,当多个国家共享一条河流或其他形式水体的时候,如果气候变化加剧并导致周期性水资源短缺,那么各国之间对可获取水资源的竞争将加剧。在这种情况下,既要满足本国不断增长的淡水用水需求,又要遵守各国之间已达成的协议,对各国的政策制定者来说都将是一项重大的挑战。②

对于尚缺乏集体性协议的跨界水域地区来说,进行国家间的水资源共享协定谈判是确定水资源共享协议的第一个重要步骤。在基于对以往河流流域条约分析的基础上,珍妮弗·宋(Jennifer Song)和戴尔·惠廷顿提出了几点经验教训,可为国际社会制定新的水资源共享协定提供指导。③

第一,提供国际援助以帮助各国谈判和缔结跨界水资源协定,是较为困难、耗资巨大和耗费时间的。由于多边组织提供这种援

(接上页)(2004);Jos Timmerman, John Matthews, Sonja Koeppel, Daniel Valensuela and Niels Vlaanderen (2017), "Improving Governance in Transboundary Cooperation in Water and Climate Change Adaptation"(《水资源和气候变化适应领域跨界合作治理的改善》), *Water Policy*(《水资源政策》) 19:6, pp. 1014 – 29; Wolf(2007); Mark Zeitoun, Marisa Goulden and David Tickner(2013), "Current and Future Challenges Facing Transboundary River Basin Management"(《跨界流域管理当前和未来所面临的挑战》), *WIREs Climate Change*(《WIREs 气候变化》) 4:5, pp. 331 – 49。

① De Stefano et al. (2017).

② Barbier and Bhaduri (2015); Shlomi Dinar, David Katz, Lucia De Stefano and Brian Blankespoor (2015), "Climate Change, Conflict, and Cooperation: Global Analysis of the Effectiveness of International River Treaties in Addressing Water Variability"(《气候变化、冲突与合作:国际河流条约在解决水资源可变性方面有效性的全球分析》), *Political Geography*(《政治地理学》)45, pp. 55 – 66; Olmstead(2014); Petersen-Perlman et al. (2017); Timmerman et al. (2017).

③ Song and Whittington(2004).

助的政治和行政资源有限,它们必须选择应优先开展哪些国际水资源的谈判。宋和惠廷顿提出了两条选择标准:

- **可轻易实现的目标**:这些河流和其他跨界水资源最有可能仅通过国际社会的少量援助,相对迅速地达成一项成功的国际协定。

- **高冲突风险**:这类是有着很高未来冲突风险的河流和跨界水资源,然而,由于共享这些水域的国家无法在缺乏国际援助的情况下自行达成协议,因此这些国家最需要这种援助,也有可能获得最大的回报。

正如我们在第四章中所看到的,最令人关切的是冲突风险较高的地区。表8.1结合了表4.1的分析,以及宋和惠廷顿所选择的具有高风险和政治冲突的共享河流流域。正如其所表明的,较为脆弱的流域主要位于发展中国家——一些分布于东南亚、南亚、中美洲、南美洲北部、巴尔干半岛南部和整个非洲。这些流域内的国家多已处于政治紧张的状态,并且在某些情况下,这些地区也是历史冲突地区。因此,引导国际援助来帮助这些国家达成谈判条约,应是国际社会的优先事项。

表8.1　需要优先制定跨界协定的流域

流域	沿岸国家	地区
北江/西江	中国、越南	东亚
蓝江/红河	老挝、越南	东亚
马江	老挝、越南	东亚
元江—红河	中国、老挝、越南	东亚
西贡河	柬埔寨、越南	东亚
怒江—萨尔温江	中国、缅甸、泰国	东亚
伊洛瓦底江	中国、印度、缅甸	东亚和南亚
克尔卡河	波斯尼亚和黑塞哥维那、克罗地亚	东欧
库拉-阿拉克斯河	亚美尼亚、阿塞拜疆、格鲁吉亚、伊朗、俄罗斯、土耳其	中亚

续　表

流域	沿岸国家	地区
塔里木河	阿富汗、中国、哈萨克斯坦、吉尔吉斯斯坦、塔吉克斯坦	中亚
德林河	阿尔巴尼亚、马其顿、黑山、塞尔维亚	东欧
内雷特瓦河	波斯尼亚和黑塞哥维那、克罗地亚	东欧
瓦尔达尔河	保加利亚、希腊、马其顿、塞尔维亚	东欧
奇里基河	哥斯达黎加、巴拿马	拉丁美洲
米拉河	哥伦比亚、厄瓜多尔	拉丁美洲
圣胡安河	哥斯达黎加、尼加拉瓜	拉丁美洲
贝尼托河/恩特姆河	喀麦隆、赤道几内亚、加蓬	撒哈拉以南非洲
刚果河	安哥拉、中非、刚果（布）、刚果（金）、坦桑尼亚、赞比亚	撒哈拉以南非洲
朱巴-谢贝利河	埃塞俄比亚、肯尼亚、索马里	撒哈拉以南非洲
图尔卡纳湖	埃塞俄比亚、肯尼亚、南苏丹、乌干达	撒哈拉以南非洲
莫诺河	贝宁、多哥	撒哈拉以南非洲
奥果韦河	喀麦隆、刚果（布）、加蓬、赤道几内亚	撒哈拉以南非洲
萨比河	莫桑比克、津巴布韦	撒哈拉以南非洲
萨纳加河	喀麦隆、中非、尼日利亚	撒哈拉以南非洲
图盖拉河	莱索托、南非	撒哈拉以南非洲

资料来源：De Stefano et al.（2017）；Song and Whittington（2004）。

第二，挑战在于确定水资源短缺和气候变化在多大程度上会阻碍跨界水资源条约的成功谈判。在水资源短缺的情况下，普遍的假设是，水资源的增加使共享淡水资源的国家更难实现通过谈判而达成共管协议的合作。然而，如卡片8.1所示，更可能的情况是，合作的出现与水资源短缺之间存在倒U形关系。也就是说，如果共享跨界水资源的国家拥有丰富的水资源供应，那么各国之间就没有必要共同签订一项管理水资源的条约。极端地看，如果水资源极度缺乏，那么合作就会破裂，因为各国在共享资源方面可能已经出现了政治紧张的局势，并已具有发生冲突的可能性。只有在中间情况下，即各国出现一定程度的水资源短缺状况，它们之间才有最大动力在共同管理协议方面达成合作。

卡片 8.1 还强调了促进跨界水管理合作的另外两种方式,即**附带条款**和**议题关联**形式。[①] 较富裕的国家有时会以附带条款的形式向其他国家提供一定激励条件,促使其他国家在分享和管理淡水资源方面进行合作。当共享水资源的国家之间能够将某项水资源协议与一些涉及共同利益的其他议题联系起来的时候,如加强贸易和其他经济利益、政治联系以及技术转让,那么就能产生多项议题之间的联结。

卡片 8.1 跨界水资源的短缺与合作

施劳密·迪纳尔(Shlomi Dinar)和他的同事发现,日益严重的水资源短缺并不总对共享水资源合作产生不利。相反,当出现适度的水资源短缺,并且短缺程度并不是过高或过低时,国家之间更有可能达成跨界水资源共享协议。如下图所示,这表明,水资源的日益短缺与合作的达成之间可能存在着倒 U 形关系。当水资源相对充裕时,各国几乎不需要在共享管理方面进行合作。而极端地看,当水资源的稀缺程度非常

---

① 例如参见 Barbier and Bhaduri(2015); Lynne L. Bennett, Shannon E. Ragland and Peter Yolles(1998), "Facilitating International Agreements through an Interconnected Game Approach: The Case of River Basins"(《通过一种相互关联的博弈方法促进国际协定:以流域为例》), in Richard E. Just and Sinaia Netanyahu, eds., *Conflict and Cooperation on Trans-Boundary Water Resources*(《跨界水资源的冲突与合作》)(Boston: Kluwer Academic), pp. 61 – 85; Shlomi Dinar(2008), *International Water Treaties: Negotiation and Cooperation along Transboundary Rivers*(《国际水资源条约:与跨界河流相关的谈判与合作》)(Abingdon, England: Routledge); Ines Dombrowsky(2007), *Conflict, Cooperation and Institutions in International Water Management: An Economic Analysis*(《国际水资源管理中的冲突、合作与制度:一种经济学的分析》)(Cheltenham: Edward Elgar); Kim Hang Pham Do, Ariel Dinar and Daene McKinney(2012), "Transboundary Water Management: Can Issue Linkage Help Mitigate Externalities?"(《跨界水资源管理:议题关联能否有助于减轻外部性》), *International Game Theory Review*(《国际博弈论评论》)14:1; Richard E. Just and Sinaia Netanyahu(2004), "Implications of 'Victim Pays' Infeasibilities for Interconnected Games with an Illustration for Aquifer Sharing under Unequal Access Costs"(《"受害者付费"不可行性对互联博弈的影响,并以不平等准入成本下共享含水层的情况作案例说明》), *Water Resources Research*(《水资源研究》)40:5, W05S02。

高时,各国之间可能因为共享水资源而发生冲突并导致关系紧张。然而,在适度缺水的情况下,各国就具备在水资源共享方面进行合作的动力和动机,因此达成协议的可能性很高。迪纳尔和他的同事还发现,良好的治理、外交关系和贸易能够促进国家间的合作,并且,如果较富裕的国家能够为发展中国家提供激励措施,以促进达成国际协议,那么国家间的合作通常也能够成功实现。

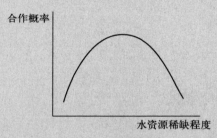

资料来源:Shlomi Dinar(2009),"Scarcity and Cooperation along International Rivers"(《与国际河流相关的稀缺性与合作》),*Global Environmental Politics*(《全球环境政治》)9:1, 108-35;Shlomi Dinar, Ariel Dinar and Pradeep Kurukulasuriya(2011),"Scarcity and Cooperation along International Rivers:An Empirical Assessment of Bilateral Treaties"(《与国际河流相关的稀缺性与合作:双边条约的实证分析》),*International Studies Quarterly*(《国际研究季刊》)55:3, 809-33。

在一些较为成功的共享河流流域治理国际条约中,设置补偿性支付是较为常见的。例如,上游国家可以单方面改变下游国家的水量和水质。如果这类活动能够更好地调节河流流量或减少污染,那么下游国家就可能从中获益且不必付出成本。然而,上游国家的活动往往会导致下游水量的减少和污染的加剧,在这种情况下,国家之间可能就因共有水资源的使用而产生冲突。若下游国家更富裕、拥有强大军事力量或人口规模较大,那么该国就能够对联合管理的谈判施加更大的影响,或有能力减少一些与跨界水资源协议相关的风险和成本。但通常情况下,较富裕的下游国家会向较贫穷的上游国家提供经济补偿,以便双方在共享管理方面能够更容易和更迅速地展开合作。

然而,补偿性支付的设置,并不总是能够加强上下游国家之间的合作。[①] 相反,这种方式可能导致典型的**受害者付费**的结果,因为下游国家本质上是通过贿赂上游国家来促使其分享水资源或改善水质。上游国家倾向于选择不分享水资源或不改善水质,因为这样做的成本总是很高,而下游国家倾向于不提供补偿性支付,这不仅是因为补偿性支付将耗费资金,也会让下游国家在谈判中看起来像是一个"软弱的谈判者"。因此,如果一方认为另一方虽然会选择合作,但这种合作最终将导致双方背叛初始协议并减少支付,那么双方都会产生作弊的动机。

鉴于所有国家都有实现互利的潜在可能性,水资源共享的协议就越来越多地涉及各类议题之间的关联。例如,一项针对145个条约的分析发现,30%的条约具有某种形式的经济联系,如贸易和其他形式的经济激励,4%的条约存在与土地议题相关的联系,1%的条约与政治妥协有关,7%的条约存在其他联系。[②]

将额外的经济利益和水资源共享协议联系起来,这种方式常常成为一种重要的激励措施。在中亚,锡尔河(Syr Darya River)流域横跨吉尔吉斯斯坦、乌兹别克斯坦、塔吉克斯坦和哈萨克斯坦。

① Lynne L. Bennett, Shannon E. Ragland and Peter Yolles (1998), "Facilitating International Agreements through an Interconnected Game Approach: The Case of River Basins"(《通过一种相互关联的博弈方法促进国际协定:以流域为例》), in Richard E. Just and Sinaia Netanyahu, eds., *Conflict and Cooperation on Trans-Boundary Water Resources*(《跨界水资源的冲突与合作》)(Boston: Kluwer Academic), pp. 61 – 85; Richard E. Just and Sinaia Netanyahu (2004), "Implications of 'Victim Pays' Infeasibilities for Interconnected Games with an Illustration for Aquifer Sharing under Unequal Access Costs"(《"受害者付费"不可行性对互联博弈的影响,并以不平等准入成本下共享含水层的情况作举例说明》), *Water Resources Research*(《水资源研究》)40:5, W05S02.
② Aaron T. Wolf(1999), "The Transboundary Freshwater Dispute Database Project"(《跨界淡水资源争端数据库项目》), *Water International*(《国际水资源》)24:2, pp.160 – 3.

这四个国家相继达成的协议包括共享水资源和能源的协议。上游国家吉尔吉斯斯坦需要为其一系列水电站大坝的运转而抽水,而下游国家则希望将这些水资源更多地用于灌溉。根据目前的协议,吉尔吉斯斯坦会减少部分水电生产,向下游释放更多的水资源。相反,乌兹别克斯坦和哈萨克斯坦则会增加对吉尔吉斯斯坦的燃料供应以作为补偿,塔吉克斯坦会增加其水电生产并输送给吉尔吉斯斯坦。[①]

如表 8.1 所示,东亚地区需要签署条约的若干流域内,涉及占主导地位的强大国家中国,以及东南亚的一些较小邻国。凭借其军事、经济和政治实力,中国作为上游国家能够商定与下游较小的邻国共享水资源的条件。发生冲突和政治紧张局势的可能性也存在。尽管如此,涉及贸易互惠和可能产生其他经济利益的议题关联,仍然可以促成合作。

有关湄公河流域的协议是如何演变的,或许就是一个很好的例子。该河的上游流域包括中国和缅甸两个国家,下游包括泰国、老挝、柬埔寨和越南四个国家。1995 年,四个下游国家签署了《湄公河流域可持续发展合作协定》,并成立了湄公河委员会,以促进下游流域的开发和联合项目的开展,特别是共同进行水电生产和灌溉。截至 21 世纪初,中国没有意向参与该协议。然而,如果流域范围内的水资源共享协议会与贸易和其他经济利益相联系,这种情况可能就发生改变。如果这项协议能够让四个下游国家、中国,甚至缅甸,在水力发电、贸易、农业和生态系统效益方面开展合作,那么这六个国家都会获得相当大的收益。[②]

---

① Rebecca L. Teasley and Daene C. McKinney(2011),"Calculating the Benefits of Transboundary River Basin Cooperation:Syr Darya Basin"(《跨界河流流域合作效益的计算:锡尔河流域》),*Journal of Water Resources Planning and Management*(《水资源规划与管理杂志》)137:6, pp.481-90.
② Kim Hang Pham Do and Ariel Dinar(2014),"The Role of Issue Linkage in Managing Noncooperating Basins:The Case of the Mekong"(《议题关联在非合作流域管理中的作用:以湄公河为例》),*Natural Resource Modeling*(《自然资源建模》)27:4, pp.492-517.

在某些情况下,与邻国改善关系的愿望能够导致合作。如果一个流域内的两个国家希望彼此保持良好的政治关系,那么上游国家就会关心其引水可能对下游国家福利所产生的影响。如果国家间改善政治关系的愿望强烈,那么更为富裕和人口更多的上游国家,完全不考虑对下游国家的影响而进行单边取水的这种倾向,可能就会受到抑制。这一重要的理论基础或许可以解释为什么印度和孟加拉国在多年未能解决恒河水资源共享问题之后,能够在1996年签订恒河水分享协议,并且尽管两国对水资源的需求都在不断增长,但该条约至今仍然有效。①

在地区冲突频发地区最能引起人们注意的例子可能是1995年以色列-巴勒斯坦共享山区含水层协议。② 获得含水层水资源的难易程度是存在差异的,因为位于西岸地区的巴勒斯坦海拔要高得多,在山地地区要想获得水位较低的地下水,则需要投入很高的抽水成本。相比之下,以色列所在地区的地下含水层相较海平面来说较浅,因此获得地下水更为方便且成本更低。由于巴勒斯坦当局没有其他的水源,只能依靠以色列在两国共享的山区含水层抽水时减少抽水量来阻止山区含水层水平面进一步降低且抽水成本进一步增加的趋势。值得注意的是,尽管以色列与巴勒斯坦之间经常发生冲突,局势紧张,但以色列仍然坚持履行这一共享水资

---

① Anik Bhaduri and Edward B. Barbier(2008b),"Political Altruism of Transboundary Water Sharing"(《跨界水资源共享中的政治利他主义》),*B. E. Journal of Economic Analysis & Policy*(《B. E. 经济分析与政策杂志》)8:1, art. 32. 尽管印度大体上遵守恒河水分享协议,但其仍然利用自身作为上游国家的主导性地位,在极度干旱的季节从恒河中单方面取水。见 Kimberley Anh Thomas (2017),"The Ganges Water Treaty: 20 Years of Cooperation, on India's Terms"(《恒河水资源条约:20年间的合作,依据印度的条款》),*Water Policy*(《水资源政策》)19:4, pp. 724-40。需要注意的是,恒河管理的全流域协议需要尼泊尔的合作,尼泊尔是最远的上游国家。这可以通过将当前的恒河水分享协议,与从尼泊尔调水(可由印度和孟加拉国共同支付费用)以增强下游流域流量的潜在选择相关联来实现。见 Anik Bhaduri and Edward B. Barbier(2008a),"International Water Transfer and Sharing: The Case of the Ganges River"(《国际水资源的转移与共享:以恒河为例》),*Environment and Development Economics*(《环境与发展经济学》)13:1, pp. 29-51。

② Richard E. Just and Sinaia Netanyahu(2004),"Implications of 'Victim Pays' Infeasibilities for Interconnected Games with an Illustration for Aquifer Sharing under Unequal Access Costs"(《"受害者付费"不可行性对互联博弈的影响,并以不平等准入成本下共享含水层的情况作举例说明》),*Water Resources Research*(《水资源研究》)40:5, W05S02.

源协议,主要原因在于以色列需要巴勒斯坦当局在其他存在共同利益的议题上进行合作,如控制走私、减少含水层的污水污染、限制难民和农业贸易方面。

气候变化引起的水资源状况的波动,将给跨界水资源的管理带来额外的挑战。最近的研究证据表明,在水资源共享方面进行合作的可能后果与卡片 8.1 中所描述的日益缺水的后果相类似。[①]在某种程度上,较高的变化性可能会促使各国在水资源共享方面开展合作,但一旦超过某个阈值,就可能对合作产生负面影响。

一个重要的影响是,需要关注气候变化对一些已经显示出具有较高的水资源变动性、周期性短缺和频繁干旱的区域中跨界水资源的影响。尼罗河、尼日尔(Niger)河、奥卡万戈和赞比西(Okavango and Zambezi)河流域、乍得湖以及幼发拉底河-底格里斯河、库拉-阿拉克斯河、科罗拉多河和格兰德(Rio Grande)河流域在这些方面表现尤为脆弱。库拉-阿拉克斯河流域因具有较高的冲突风险,已被确定为需要协议管理的优先地区(见表 8.1)。需要将现有管理这些水资源的协议纳入考虑,并发展出一定的机制,以应对气候变化可能给水资源供应带来的影响,也应对由此产生的影响进行更多的分析,以更好地支持这一举措。

例如,一项研究考察了气候变化引起的不确定性是如何影响布基纳法索和加纳在西非的沃尔特(Volta)河流域共享跨界水资源的。[②] 研究发现,将水资源协议与能源共享联系起来,可能是克服气候变化对水资源可变性产生潜在影响的关键。在这种情况下,这种联系涉及下游国家加纳与上游国家布基纳法索之间的水电贸易。例如,加纳可以在水电的出口上向布基纳法索提供贸易优惠,

① Dinar et al.(2015).

② Anik Bhaduri, Utpal Manna, Edward Barbier and Jens Liebe(2011),"Climate Change and Cooperation in Transboundary Water Sharing: An Application of Stochastic Stackelberg Differential Games in Volta River Basin"(《气候变化与跨界水资源共享合作:斯塔克博格随机微分对策在沃尔特河流域上的一种应用》),*Natural Resource Modeling*(《自然资源建模》)24:4, pp.409-44.

以鼓励布基纳法索在水资源共享方面进行合作,尤其是在气候变化引起沃尔特盆地水流变化加剧的时期。这有力地证明,即便气候变化带来的不确定性增加了,但这种水资源与能源之间的直接联系,可能会加强布基纳法索和加纳之间的合作。

管理水资源抢占

正如我们在第四章中所看到的,全球范围内水资源抢占现象正呈上升趋势。此外,几乎所有的目标国家都是低收入和中等收入经济体(见表4.3),水资源的抢占国多数是高收入经济体(见表4.4)。这引起了人们对目标国的治理、冲突、适当补偿、本地用水需求、环境保护和粮食安全等问题的关注。[①] 此外,有证据表明,若国内水资源管理效率低下,较富裕的国家为了避免这些问题给本国带来的不良后果和可能带来的上升成本,可能会倾向于从国外选择获取更便宜的土地和水资源以开展海外农业。[②]

在很大程度上,与水资源抢占有关的问题的根源在于全球水资源管理的不善。如果全世界都能采用恰当的制度、激励措施和创新技术来管理淡水资源,那么从海外获取土地和水资源的缺水国家可能就不会存在这些负面问题。

通过在淡水资源较为丰富的地区获取土地,淡水资源短缺的国家能够有效缓解本国在粮食种植方面对水资源供应的需求。这样就可以既缓解本国水资源短缺的状况,又提升本国的粮食安全。[③] 如果淡水资源较少的国家希望节约用水并以更低廉的价格

---

① Brown Weiss(2012).

② Hoekstra(2010);Lenzen et al.(2013).

③ 例如参见 Allan(2003);Debaere(2014);Andrea Fracasso(2014),"A Gravity Model of Virtual Water Trade"(《虚拟水交易的引力模型》),*Ecological Economics*(《生态经济学》)108,pp. 215 – 28;Hoekstra and Chapagain(2008);MacDonald et al.(2015);Jeffrey J. Reimer(2012),"On the Economics of Virtual Water Trade"(《与虚拟水交易相关的经济学》),*Ecological Economics*(《生态经济学》)75,pp. 135 – 9;Rosegrant et al.(2009);Savenije et al.(2014)。

获取粮食,就会选择在水资源丰富的地区获取土地以从事粮食生产,这种方式也能够促进全球农业生产方面水资源和土地利用效率的提高。同样,只有在卖出的水价能够抵消售水行为对本地水资源需求和粮食安全造成的影响,以及该地能够得到足够的补偿金,并且政治纠纷和冲突风险较低的情况下,水资源丰富的地区才会愿意出售它们所拥有的水资源。但这种结果假定了所有国家都在尝试进行有效定价,希望收回供应成本,收取任何会对环境造成损害的补偿金,并且会在存在竞争性的用途间有效地分配水资源。

有效的跨界水资源共享协议也会降低强国以弱小邻国为目标进行水资源抢占的动机。例如金亨范多(Kim Hang Pham Do)和阿里尔·迪纳尔(Ariel Dinar)坚持认为,如果中国参与湄公河协议,那么中国就不会通过扩大在下游流域国家获取土地和水资源的方式,来满足其对水资源和农业的需求。[①]

然而,一国在海外获取水和土地资源的行为,仍然需要一定的国际监管和监督,特别是向中低收入经济体获取水和土地资源的行为。实现这一目标的一种方法是,在全球范围内让目前需要向国外大量抢占水资源的国家,与主要的目标国之间进行合作,成立一个国际机构,以监督全球大规模的水资源和土地收购。这样一个负责监测和管理这些收购活动的国际委员会,可以由主要的发展中国家和发达国家组成,这些国家也是全世界大部分水资源抢占活动的行为方(见表8.2)。

表8.2　与全球水资源抢占有关的国家

主要的水资源被抢占国
阿根廷、澳大利亚、巴西、喀麦隆、刚果(金)、埃塞俄比亚、加蓬、印度尼西亚、利比里亚、马达加斯加、摩洛哥、莫桑比克、尼日利亚、巴基斯坦、巴布亚新几内亚、菲律宾、刚果

---

① Kim Hang Pham Do and Ariel Dinar(2014),"The Role of Issue Linkage in Managing Noncooperating Basins:The Case of the Mekong"(《议题关联在非合作流域管理中的作用:以湄公河为例》),*Natural Resource Modeling*(《自然资源建模》)27:4,pp.492−517.

续　表

主要的水资源抢占国
（布）、俄罗斯、塞拉利昂、苏丹、坦桑尼亚、乌干达、乌克兰、乌拉圭
阿根廷、巴西、加拿大、中国、埃及、法国、德国、印度、以色列、意大利、哈萨克斯坦、马来西亚、葡萄牙、卡塔尔、俄罗斯、沙特、新加坡、南非、韩国、苏丹、瑞典、阿联酋、英国、美国

注：阿根廷、巴西、俄罗斯和苏丹这几个国家既是主要的水资源被抢占国，也是主要的水资源抢占国。

资料来源：本书表4.3和表4.4。

该国际机构的主要目的是制定一套能够指导在全球范围内大规模获取水资源和土地的原则。这些原则应能保证此类收购行为对买方和卖方来说都应是公平和有效的。此外，该机构应监测和评估在发展中国家进行的收购活动，以确保目标国在治理、冲突、适当补偿、当地用水需求、环境保护和粮食安全等方面的任何顾虑，都能得到充分消除。

总的来说，这种国际管制和监督的目的是尽量减少缺水国家在海外获取土地和水资源时，对目标国可能造成的任何潜在负面影响，而这些措施对于有效和公平地管理全球水资源的战略来说，也是至关重要的。

第九章

未来的水

对未来的两种展望

纵观历史，人类一直将淡水资源视为一种随时可以开发的资源。自从一万年前的农业转型以来，我们对水的认识一直是：水资源是丰富的，是可自由取用且易于获得的。我们对待水的方式也一直是非常直接的：通过开发更好和更廉价的取水、运水和用水方式，我们能够维持当下不断增长的人口和经济。因此，经济进步总是与人们增加对水资源的分配、控制和使用联系在一起的，反过来，提高水的利用率也意味着会促进经济发展更为繁荣并增加人类的福祉。

工业革命极大地改变了我们利用水资源的能力，因为在工业革命中出现了大量的新技术，经济发展迅速、能源资源开采大量增加，人们因此可以大规模地获取、开发和输送水资源。这些资源使我们能够设计和建造大型、复杂的工程结构——水堤、水坝、管道和水库，从而将水由水资源量丰富的地区输送给用水需求日益增长的城市、农场和人口。我们处理、回收和再分配废水,以防止淡水的自然源头受到污染,并提高其使用率。这些水资源开发反过来又促进了农业、工业和城市的显著扩张,有助于巩固经济繁荣与用水之间的关系,并且通过安全饮用水和卫生设施的进步改善了数十亿人的健康和福祉。

这种水资源开发模式已成为当代的"水利建设任务"。这种模式的目的是通过获得和利用新的淡水供应,来满足每一种新的用水需求——无论是农业用水、市政用水、工业用水,还是国内粮食生产用水或扩大对其他国家的水资源出口。因此,在当今的世界经济中,水资源的使用管理及其相应的制度、激励和创新机制,主要是受到旨在寻找和开发更多淡水资源的"水利建设任务"驱使。

但是,在淡水资源丰富的时代行之有效的方法,对于淡水资源匮乏的时代来说则可能是有害的。这就是为什么——正如本书所述——今天的全球性水危机主要是一场水资源管理不足和不善的危机。这些旨在提供更多淡水供应以满足日益增长的需求的机制、激励措施和创新技术,是无法从根本上缓解水资源短缺的。

因此,管理水资源存在两种可能的途径。如果世界上仍然存在治理和机制不健全、市场信号不准确、创新不足等问题,无法实现提高用水效率并有效管理各种竞争性用水需求,那么大多数长期存在的水资源以及缺水问题将持续恶化。当前预测表明,全球人口在未来几十年将继续快速增长,从 2010 年的不到 70 亿增长到 2030 年的 83 亿,2050 年将接近 94 亿。[①] 如果我们继续通过寻找新的供应水源来满足日益增长的用水需求,那么这种水利建设任务,将促使我们走向一条伴随人口增长而不断增加全球水资源使用的道路。正如我们在第三章中所看到的,到 2050 年世界人口达到 90 亿时,年取水量将从 3 万亿立方米上升到 4.3 万亿立方米(见图 3.1)。

---

① U. S. Census Bureau, International Data Base, available at https://www.census.gov/data-tools/demo/idb/informationGateway.php(accessed July 17, 2018).

到 2050 年,全球每年的取水量是否会达到 4.3 万亿立方米? 在 21
世纪末世界人口接近 100 亿或 110 亿时,这一用水规模是将维持,
还是甚至继续扩大?

大多数针对未来水资源供应和需求的预测表明,我们目前的
道路是无法缓解长期性的水资源稀缺问题的。目前,全世界估计
有 16 亿至 24 亿人口生活在水资源短缺的流域内。如果我们管理
水资源短缺问题的机制、激励措施和创新技术仍旧没有改变,到
2050 年,受影响的人数可能会增加到 31 亿至 43 亿。气候变化可
能使这个数字再增加 5 亿到 31 亿。[①] 这些预测表明,最好的情形
下,我们可以看到 2050 年世界将有约 40% 的人口面临缺水问题,
但若在最坏的情形下,这一比例可能会翻一番。

如果我们继续坚持旨在长期压低水资源价格的制度、激励措
施和创新技术,那么随着水资源短缺问题不断困扰世界上越来越
多的人口,我们会看到未来水资源安全程度不断下降,淡水生态系
统不断退化,关于剩余水资源的争端和冲突不断增加。在未来几
十年的某一时刻,这些问题所导致的经济、社会和环境成本的上
升,将迫使全球水资源的管理方式发生重大转变。但是,这种转变
的社会和经济代价将是突然的,其代价高昂且具有高度破坏性。
人类社会和经济可能完全没有准备好应对这种意想不到的混乱
变化。

即使我们应对得了这些危机,与水资源使用相关的经济、社会
和环境成本不断上升的问题仍然存在,需要我们去解决。在目前
的管理模式下,我们可能主要依靠对用水的管制和限制,甚至可能

---

① Gosling and Arnell(2016).然而,需要注意的是,作者强调在预测气候变化对水资源短缺的影响
时,存在着很大的不确定性(p.371):"世界大部分地区所面临的水资源短缺风险将增加,而不是
因气候变化而减少,但这并不适用于所有气候变化模式。"其他关于气候变化对水资源短缺影响
的评估则并不那么谨慎,例如参见 Jacob Schewe, Jens Heinke, Dieter Gerten, Ingjerd Haddeland,
Nigel W. Arnell, et al.(2014),"Mutimodel Assessment of Water Scarcity under Climate Change"(《气
候变化下水资源短缺的多模型评估》),*Proceedings of the National Academy of Sciences*(《美国国家
科学院刊》)111:9, pp.3245-50。

是通过水资源额度配给的方式来控制这些成本。在控制不断扩大的竞争性用水需求和不断增加的用水成本方面，这种方式可能会起到一定作用，但这样的监管解决方案本身效率低下。因此从长远来看，其成本代价仍旧是高昂的。

本书提供了另一条可选择的水资源管理途径。如果未来几十年在水资源短缺日益严重的情况下，我们能够为水资源管理设立适当的治理机制和机构，推动市场和政策改革，并解决好全球水资源管理的问题，然后，在新的水资源技术方面改进创新及投资方式，更好地保护淡水生态系统，那么就可以确保能为不断增长的世界人口提供足够的有益水资源。

在引言中，我们描述了当前的激励、制度和创新体系是如何形成恶性循环的（见图0.2）。现有的治理和机构都是针对当下正在开展的水利建设任务，其焦点都是通过发现和开发更多的淡水资源来解决日益严重的水问题。我们的激励和创新机制仍然以"水资源是充裕的"这一假设为指导，而不是以"水资源是稀缺的"这一假设为指导。

然而，如果在水资源短缺加剧的情况下，我们采用了正确的制度、政策和技术创新来避免这场危机，那么水资源使用和水资源短缺状态之间可能就会形成一种"良性循环"。这种良性循环正如图9.1所示。其始于采用恰当的水资源管理制度和机制，这些制度和机制能够适应并有效管理迅速变化着的水资源供应条件和竞争性需求，包括气候变化给水资源使用带来的各种威胁。要想结束水价过低的局面，我们还需要对市场和政策进行改革，以确保它们能够将开发水资源过程中所增加的经济成本充分纳入考虑。这些成本不仅包括水资源相关基础设施供应的全部回收成本，还包括在应对生态系统退化造成的环境损害和水资源分配不公造成的任何负面社会影响时所支付的成本。将这些成本纳入考虑，能够确保所有水资源开发都尽量减少对环境和社会的影响，反过来又会促

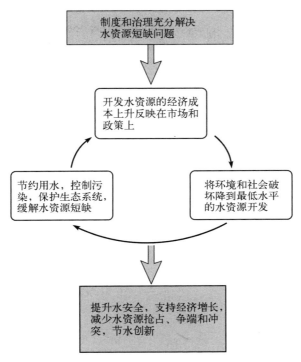

图 9.1　水资源使用及其稀缺性管理的良性循环

成更多的水资源节约、污染控制和生态系统保护行为。其结果将是在相互竞争的水资源使用之间有效地分配水资源，促进节水创新，进一步缓解水资源短缺并降低其使用成本。

　　这种解决方案实施起来并不容易。正如第六章所述，水的定价是有争议的，针对长期定价过低的资源重新设计和实施一种以市场为导向的价格机制是我们所面临的主要挑战。但是，日益严重的水资源短缺及水危机威胁意味着，人们是时候要应对这一挑战，将定价和市场视为水资源管理新范式的基础。

　　最终，结束水价过低的局面也将意味着水悖论的终结。只有通过发展高效、公平和可持续的机制、激励措施和创新技术，我们才能在淡水资源日益稀缺的世界中实现充分有效的水资源管理。

参考文献选目

Allan，J. A. (2003)，"Virtual Water：The Water，Food，and Trade Nexus——Useful Concept or Misleading Metaphor"(《虚拟水：水、食物和贸易间联系——有用的概念还是误导性的隐喻?》) *Water International*(《国际水资源》) 28：1，pp. 106 – 13.

Baker，L. A.，ed. (2009)，*The Water Environment of Cities*(《城市水资源环境》)(New York：Springer).

Barbier，Edward B. (2004)，"Water and Economic Growth"(《水资源和经济增长》)，*Economic Record*(《经济记录》) 80：248，pp. 1 – 16.

Barbier，Edward B. (2011a)，*Scarcity and Frontiers：How Economies Have Developed through Natural Resource Exploitation*(《稀缺性与前沿领域：经济如何通过自然资源的开发而发展》)(Cambridge，England：Cambridge University Press).

Barbier，Edward B. (2011b)，"Transaction Costs and the Transition to Environmentally Sustainable Development"(《交易成本和向环境可持续发展的转型》)，*Environmental Innovation and Societal Transitions*(《环境创新与社会转型》) 1：1，pp. 58 – 69.

Barbier，Edward B. (2015a)，*Nature and Wealth：Overcoming Environmental Scarcity and Inequality*(《自然与财富：克服环境的稀缺性与不平等》)(Basingstoke，England：Palgrave Macmillan).

Barbier，Edward B. (2015b)，"Water and Growth in Developing Countries"(《发展中国家的水资源和经济增长》)，in Ariel Dinar and Kurt Schwabe，eds.，*Handbook of Water Economics*(《水资源经济学手册》)(Cheltenham，England：Edward Elgar)，pp. 500 – 12.

Barbier，Edward B. and Anik Bhaduri (2015)，"Transboundary Water Resources"(《跨界水资源》)，in Robert Halvorsen and David F. Layton，eds.，*Handbook on the Economics of Natural Resources*(《自然资源经济学手册》)(Cheltenham：Edward Elgar)，pp. 502 – 28.

Barbier, Edward B. and Joanne C. Burgess(2018), "Innovative Corporate Initiatives to Reduce Climate Risk: Lessons from East Asia"(《减少气候风险的创新性企业举措:东亚的经验教训》), *Sustainability*(《可持续性》) 10:1, art. 13.

Barbier, Edward B. and Anita M. Chaudhry(2014), "Urban Growth and Water"(《城市经济增长与水资源》), *Water Resources and Economics*(《水资源与经济》) 6, pp. 1 – 17.

Biswas, Asit K. (2008), "Integrated Water Resources Management: Is It Working?"(《水资源综合管理:能够有效吗?》), *International Journal of Water Resources Development*(《国际水资源开发杂志》) 24:1, pp. 5 – 22.

Braadbaart, Okke(2005), "Privatizing Water and Wastewater in Developing Countries: Assessing the 1990s' Experiments"(《发展中国家水资源和污水的私有化:评估 20 世纪 90 年代的经验》), *Water Policy*(《水资源政策》) 7:4, pp. 329 – 44.

Brewer, Jedidiah, Robert Glennon, Alan Ker and Gary Libecap (2008), "Water Markets in the West: Prices, Trading, and Contractual Forms"(《西方的水市场:价格、交易和合同形式》), *Economic Inquiry*(《经济调查》) 46:2, pp. 91 – 112.

Brown Weiss, Edith(2012), "The Coming Water Crisis: A Common Concern of Humankind"(《即将到来的水危机:人类共同关心问题》), *Transnational Environmental Law*(《跨国环境法》) 1:1, pp. 153 – 68.

CDP(2017). *A Turning Tide: Tracking Corporate Action on Water Security*(《一种转变趋势:追踪企业在水安全方面的行动》)(London: CDP Worldwide), https://www. cdp. net/en/research/global-reports/global-water-report-2017(accessed June 20, 2018).

Cech, Thomas V. (2010), *Principles of Water Resources: History, Development, Management, and Policy*(《水资源规则:历史、发展、管理和政策》), 3rd ed. (New York: John Wiley).

Chew, Sing C. (2001), *World Ecological Degradation: Accumulation, Urbanization, and Deforestation 3000 bc-ad 2000*(《全球生态退化:公元前 3000 年至公元 2000 年间的累积进程、城市化和森林砍伐》)(Walnut Creek, CA: Altamira Press).

Convery, Frank J. (2013), "Reflections: Shaping Water Policy—What Does Economics Have to Offer?"(《反思:制定水资源政策——经济学能提供什么?》), *Review of Environmental Economics and Policy*(《环境经济学与政策评论》) 7:1, pp. 156 – 74.

Culp, Peter W., Robert Glennon and Gary Libecap(2014), *Shopping for Water: How the Market Can Mitigate Water Scarcity in the American West*(《购买水

资源：市场如何缓解美国西部水资源短缺》)（Washington, DC：Hamilton Project).

Dalin, Carole, Megan Konar, Naota Hanasaki, Andrea Rinaldo and Ignacio Rodriguez-Iturbe(2012), "Evolution of the Global Virtual Water Trade Network"（《全球虚拟水贸易网络的演变》), *Proceedings of the National Academy of Sciences*(《美国国家科学院院刊》), 109：16, pp. 5989 – 94.

Dalin, Carole, Yoshihide Wada, Thomas Kastner and Michael J. Puma (2017), "Groundwater Depletion Embedded in International Food Trade"（《国际粮食贸易背后的地下水枯竭问题》), *Nature*(《自然》) 543, pp. 700 – 5.

Darwall, W. R. T., K. Smith, D. Allen, M. Seddon, G. McGregor Reid, et al. (2008), "Freshwater Biodiversity：a Hidden Resource Under Threat"（《淡水生物多样性：一种受到威胁的隐性资源》), in J. -C. Vié, C. Hilton-Taylor and S. N. Stuart, eds., *The 2008 Review of the IUCN Red List of Threatened Species*(《2008 年世界自然保护联盟濒危物种红色名录综述》)（Gland, Switzerland：IUCN).

De Stefano, L., Jacob D. Petersen-Perlman, Eric A. Sproles, Jim Eynard and Aaron T. Wolf (2017), "Assessment of Transboundary River Basins for Potential Hydro-Political Tensions"（《跨界河流流域潜在水文政治紧张局势评估》), *Global Environmental Change*(《全球环境变化》) 45, pp. 35 – 46.

Debaere, Peter(2014), "The Global Economics of Water：Is Water a Source of Comparative Advantage?"（《全球水资源经济学：水资源是比较优势的来源吗?》), *American Economic Journal：Applied Economics*(《美国经济杂志：应用经济学》) 6：2, pp. 32 – 48.

Debaere, Peter, Brian D. Richter, Kyle Frankel Davis, Melissa S. Duvall, Jessica Ann Gephart, et al. (2014), "Water Markets as a Response to Scarcity"（《以水资源市场回应水资源短缺》), *Water Policy*(《水资源政策》) 16：4, pp. 625 – 49.

Dinar, Ariel and Kurt Schwabe, eds. (2015), *Handbook of Water Economics*(《水资源经济学手册》)（Cheltenham, England：Edward Elgar).

Dinar, Shlomi (2008), *International Water Treaties：Negotiation and Cooperation along Transboundary Rivers*(《国际水资源条约：与跨界河流相关的谈判与合作》)（Abingdon, England：Routledge).

Dinar, Shlomi, David Katz, Lucia De Stefano and Brian Blankespoor(2015), "Climate Change, Conflict, and Cooperation：Global Analysis of the Effectiveness of International River Treaties in Addressing Water Variability"（《气候变化、冲突与合作：国际河流条约在解决水资源可变性方面有效性的全球分析》), *Political Geography*(《政治地理学》) 45, pp. 55 – 66.

Dosi, Cesare and K. William Easter (2003), "Water Scarcity：Market

Failure and the Implications for Markets and Privatization"(《水资源短缺：市场失灵及其对水市场和私有化的影响》), *International Journal of Public Administration*(《国际公共管理学杂志》) 26：3，pp. 265 – 90.

Draper，E. Stephen and James E. Kundell（2007），"Impact of Climate Change on Trans-Boundary Water Sharing"(《气候变化对跨界水资源共享的影响》), *Journal of Water Resources Planning and Management*(《水资源规划与管理杂志》) 133：5，pp. 405 – 15.

Dudgeon，David，Angela H. Arthington，Mark O. Gessner，Zen-Ichiro Kawabata，Duncan J. Knowler，et al.（2006），"Freshwater Biodiversity：Importance，Threats，Status and Conservation Challenges"(《淡水生物多样性：重要性、威胁、地位和在其保护方面所面临的挑战》), *Biological Review*(《生物学评论》) 31，pp. 163 – 82.

Easter，K. William（2009），"Demand Management，Privatization，Water Markets，and Efficient Water Allocation in Our Cities"(《我们城市的需求管理、私有化、水资源市场和高效水资源分配》), in L. A. Baker，ed.，*The Water Environment of Cities*(《城市水资源环境》)(New York：Springer), pp. 259 – 74.

Easter，K. William and Qiuqiong Huang，eds.（2014b），*Water Markets for the 21st Century：What Have We Learned?*（《21 世纪的水资源市场：我们学到了什么?》)(Dordrecht，Netherlands：Springer).

Elliott，Joshua，Delphine Deryang，Christoph Müller，Katja Frieler，Markus Konzmann，et al.（2014），"Constraints and Potentials of Future Irrigation Water Availability on Agricultural Production under Climate Change"(《气候变化条件下未来灌溉用水对农业生产的制约和潜力》), *Proceedings of the National Academy of Sciences*(《美国国家科学院院刊》) 111：9，pp. 3239 – 44.

Fagan，Brian M.（2011），*Elixir：A History of Water and Humankind*(《长生不老药：水与人类的历史》)(New York：Bloomsbury Press).

Famiglietti，J. S.（2014），"The Global Groundwater Crisis"(《全球地下水危机》), *Nature Climate Change*(《自然气候变化》) 4：11，pp. 946 – 8.

FAO(联合国粮食及农业组织)（2012），*Coping with Water Scarcity：An Action Framework for Agriculture and Food Security*(《应对水资源短缺：农业和粮食安全行动框架》)(Rome：FAO).

Garrick，Dustin and Bruce Aylward（2012），"Transaction Costs and Institutional Performance in Market-Based Environmental Water Allocation"(《环境用水市场化分配中的交易成本和制度绩效》), *Land Economics*(《土地经济学》) 88：3，pp. 536 – 60.

Getzler，Joshua(2004)，*A History of Water Rights at Common Law*(《普通法中的水权史》)(Oxford：Oxford University Press).

Giordano，Meredith A. and Aaron T. Wolf(2003)，"Sharing Waters：Post-

Rio International Water Management"(《共享水资源:后里约公约时代的国际水资源管理》), *Natural Resources Forum*(《自然资源论坛》) 27:2, pp. 163 - 71.

Gosling, Simon N. and Nigel W. Arnell(2016), "A Global Assessment of the Impact of Climate Change on Water Scarcity"(《气候变化对水资源短缺影响的全球评估》), *Climatic Change*(《气候变化》) 134:3, pp. 371 - 85.

Grafton, R. Quentin (2017), "Responding to the 'Wicked Problem' of Water Insecurity"(《应对水资源不安全的"邪恶问题"》), *Water Resources Management*(《水资源综合管理》) 31:10, pp. 3023 - 41.

Grafton, R. Quentin, Gary Libecap, Samuel McGlennon, Clay Landry and Bob O'Brien,(2011), "An Integrated Assessment of Water Markets: A Cross-Country Comparison"(《水资源市场综合评估:跨国比较》), *Review of Environmental Economics and Policy*(《环境经济学与政策评论》) 5:2, pp. 219 - 39.

Grafton, R. Quentin, Jamie Pittock, Richard Davis, John Williams, Guobin Fu, et al. (2013), "Global Insights into Water Resources, Climate Change and Governance"(《水资源、气候变化和治理的全球洞察》), *Nature Climate Change*(《自然气候变化》) 3:4, pp. 315 - 21.

Grafton, R. Quentin, James Horne and Sarah Ann Wheeler(2016), "On the Marketisation of Water: Evidence from the Murray-Darling Basin, Australia"(《关于水资源的市场化:来自澳大利亚墨累-达令盆地的证据》), *Water Resources Management*(《水资源综合管理》) 30:3, pp. 913 - 26.

Grey, David and Claudia W. Sadoff(2007), "Sink or Swim? Water Security for Growth and Development"(《不成功便成仁? 促进增长和发展的水资源安全》), *Water Policy*(《水资源政策》) 9:6, pp. 545 - 71.

Griffin, Ronald C. (2006), *Water Resource Economics: The Analysis of Scarcity, Policies, and Projects*(《水资源经济学:对其稀缺性、政策和项目的分析》)(Cambridge, MA: MIT Press).

Griffin, Ronald C. (2012), "The Origins and Ideals of Water Resource Economics in the United States"(《美国水资源经济学的起源与理念》), *Annual Reviews of Resource Economics*(《资源经济学年鉴》) 4, pp. 353 - 77.

Hanemann, W. Michael(2006), "The Economic Conception of Water"(《水的经济学概念》), in Peter P. Rogers, M. Ramón Llamas and Luis Martínez-Cortina, eds., *Water Crisis: Myth or Reality*? (《水危机:神话还是现实?》)(London: Taylor and Francis), pp. 77 - 8.

Hoekstra, Arjen Y. (2010), "The Relation between International Trade and Freshwater Scarcity"(《国际贸易与淡水资源短缺间的关系》), Staff Working Paper ERSD-2010-05, World Trade Organization, January.

Hoekstra, Arjen Y. and Ashok K. Chapagain (2008), *Globalization of Water: Sharing the Planet's Freshwater Resources*(《水资源的全球化:共享地球淡

水资源》)（Oxford：Blackwell）.

Hoekstra, Arjen Y. and Mesfin M. Mekonnen(2012), "The Water Footprint of Humanity"(《人类的水足迹》), *Proceedings of the National Academy of Sciences*(《美国国家科学院院刊》)109：9, pp. 3232 - 7.

Hoekstra, Arjen Y., Mesfin M. Mekonnen, Ashok K. Chapagain, Ruth E. Mathews and Brian D. Richter(2012), "Global Monthly Water Scarcity：Blue Water Footprints Versus Blue Water Availability"(《全球水资源月度短缺状况：蓝水足迹与蓝水可利用量》), PLoS ONE 7：2, e32688.

Jaspers, Frank G. W. (2003), "Institutional Arrangements for Integrated River Basin Management"(《流域综合管理的制度安排》), *Water Policy*(《水资源政策》) 5：1, pp. 77 - 90.

Johnson, Nels, Carmen Revenga and Jaime Echeverria(2001), "Managing Water for People and Nature"(《为人类和自然而进行的水资源管理》), *Science*(《科学》) 292：5519, pp. 1071 - 2.

Jones, Eric L. (1987), *The European Miracle：Environments, Economies, and Geopolitics in the History of Europe and Asia*(《欧洲奇迹：欧洲和亚洲历史上的环境、经济和地缘政治》), 2nd ed. (Cambridge, England：Cambridge University Press).

Just, Richard E. and Sinaia Netanyahu, eds. (1998), *Conflict and Cooperation on Trans-Boundary Water Resources*(《跨界水资源的冲突与合作》) (Boston：Kluwer Academic).

Karar, Eiman, ed. (2017), *Freshwater Governance for the 21st Century*(《21世纪淡水治理》)(London：SpringerOpen).

Kearney, Melissa S., Benjamin H. Harris, Elisa Jácome and Gregory Nantz (2014), *In Times of Drought：Nine Economic Facts about Water in the United States*(《干旱时期：关于美国水资源的 9 个经济事实》)(Washington, DC：Hamilton Project, Brookings Institution).

Lenzen, Manfred, Daniel Moran, Anik Bhaduri, Keiichiro Kanemoto, Maksud Bekchanov, et al. (2013), "International Trade of Scarce Water"(《稀缺水资源的国际贸易》), *Ecological Economics*(《生态经济学》) 94, pp. 78 - 85.

Libecap, Gary D. (2011), "Institutional Path Dependence in Climate Adaptation：Coman's 'Some Unsettled Problems of Irrigation'"(《气候适应中的制度路径依赖：科曼的"一些未解决的灌溉问题"》), *American Economic Review*(《美国经济评论》) 101, pp. 64 - 80.

Lopez-Gunn, Elena and Manuel Ramon Llamas(2008), "Re-thinking Water Scarcity：Can Science and Technology Solve the Global Water Crisis?"(《重新思考水资源短缺：科学技术能解决全球水危机吗?》), *Natural Resources Forum*(《自然资源论坛》) 32, pp. 228 - 38.

McCann, Laura and K. William Easter(2004), "A Framework for Estimating the Transaction Costs of Alternative Mechanisms for Water Exchange and Allocation"(《水资源交换和分配替代机制交易成本估算框架》), *Water Resources Research*(《水资源政策研究》) 40：9.

MacDonald, Graham K., Kate A. Brauman, Shipeng Sun, Kimberly M. Carlson, Emily S. Cassidy, et al. (2015), "Rethinking Agricultural Trade Relationships in an Era of Globalization"(《全球化时代农业贸易关系的再思考》), *BioScience*(《生物科学》) 65：3, pp. 275 - 89.

McDonald, Robert I., Pamela Green, Deborah Balk, Balazs M. Fekete, Carmen Revenga, et al. (2011), "Urban Growth, Climate Change, and Freshwater Availability"(《城市经济增长、气候变化和淡水可用性》), *Proceedings of the National Academy of Sciences*(《美国国家科学院院刊》) 108：15, pp. 6312 - 7.

McDonald, Robert I., Katherine Weber, Julie Padowski, Martina Flörke, Christof Schneider, et al. (2014), "Water on an Urban Planet：Urbanization and the Reach of Urban Water Infrastructure"(《都市星球上的水资源：城市化和城市水基础设施的覆盖范围》), *Global Environmental Change*(《全球环境变化》) 27, pp. 96 - 105.

Nauges, Céline and Dale Whittington(2010), "Estimation of Water Demand in Developing Countries：An Overview"(《发展中国家水资源需求评估综述》), *World Bank Research Observer*(《世界银行研究观察》) 25：2, pp. 263 - 94.

OECD(经济合作与发展组织)(2010), *Sustainable Management of Water Resources in Agriculture*(《农业水资源的可持续管理》)(Paris：OECD).

OECD(2012), *OECD Environmental Outlook to 2050：The Consequences of Inaction*(《经济合作与发展组织 2050 年环境展望：不采取行动将带来的后果》)(Paris：OECD).

Olmstead, Sheila M. (2010a), "The Economics of Managing Scarce Water Resources"(《管理稀缺水资源的经济学》), *Review of Environmental Economics and Policy*(《环境经济学与政策评论》) 4：2, pp. 179 - 98.

Olmstead, Sheila M. (2010b), "The Economics of Water Quality"(《水质经济学》), *Review of Environmental Economics and Policy*(《环境经济学与政策评论》) 4：1, pp. 44 - 62.

Olmstead, Sheila M. (2014), "Climate Change Adaptation and Water Resource Management：A Review of the Literature"(《气候变化适应与水资源管理：文献综述》), *Energy Economics*(《能源经济学》) 46, pp. 500 - 9.

Olmstead, Sheila M. and Robert N. Stavins(2009), "Comparing Price and Nonprice Approaches to Urban Water Conservation"(《比较城市节水的价格和非价格方法》), *Water Resources Research*(《水资源研究》) 45：4, W04301.

Palaniappan, Meena and Peter H. Gleick(2009), "Peak Water"(《水资源的峰值》), in Peter H. Gleick, ed., *The World's Water 2008 - 9: The Biennial Report on Freshwater Resources*(《2008—2009 年世界水资源:淡水资源两年期报告》)(Washington, DC: Island Press).

Petersen-Perlman, Jacob D., Jennifer C. Veilleux and Aaron T. Wolf (2017), "International Water Conflict and Cooperation: Challenges and Opportunities"(《国际水资源的冲突与合作:挑战和机遇》), *Water International* (《国际水资源》) 42: 2, pp. 105 - 20.

Pittelkow, Cameron M., Xinqiang Liang, Bruce A. Linquist, Kees Jan van Groenigen, Juhwan Lee, et al. (2015), "Productivity Limits and Potentials of the Principles of Conservation Agriculture"(《保护性农业原则的生产力极限和潜力》), *Nature*(《自然》) 517: 7534, pp. 365 - 8.

Revenga, C., I. Campbell, R. Abell, P. de Villiers and M. Bryer(2005), "Prospects for Monitoring Freshwater Ecosystems towards the 2010 Targets"(《监测淡水生态系统以实现 2010 年目标的前景》), *Philosophical Transactions of the Royal Society B-Biological Sciences*(《英国皇家生物科学学会哲学汇刊》) 360: 1454, pp. 397 - 413.

Rogers, Peter, Radhika de Silva and Ramesh Bhatia(2002), "Water Is an Economic Good: How to Use Prices to Promote Equity, Efficiency, and Sustainability"(《水是一种经济产品:如何利用价格促进公平、效率和可持续性》), *Water Policy*(《水资源政策》) 4: 1, pp. 1 - 17.

Rogers, Peter P., M. Ramón Llamas and Luis Martínez-Cortina, eds. (2006), *Water Crisis: Myth or Reality?* (《水危机:神话还是现实?》)(London: Taylor and Francis).

Rosegrant, Mark W., Claudia Ringler and Tingju Zhu (2009), "Water for Agriculture: Maintaining Food Security under Growing Scarcity"(《农业用水:在水资源日益短缺情况下维持粮食安全》), *Annual Review of Environmental and Resources*(《环境与资源年鉴》) 34, pp. 205 - 22.

Rulli, Maria Cristina, Antonio Saviori and Paolo D'Odorico(2013), "Global Land and Water Grabbing"(《全球土地和水资源抢占》), *Proceedings of the National Academy of Sciences*(《美国国家科学院院刊》) 110: 3, pp. 892 - 7.

Saleth, R. Maria and Ariel Dinar (2005), "Water Institutional Reforms: Theory and Practice"(《水制度改革:理论与实践》), *Water Policy*(《水资源政策》) 7: 1, pp. 1 - 19.

Savenije, H. H. G., A. Y. Hoekstra and P. van der Zaag(2014), "Evolving Water Science in the Anthropocene"(《人类世水资源科学的发展》), *Hydrology and Earth System Sciences*(《水文与地球系统科学》) 18: 1, pp. 319 - 32.

Schoengold, Karina and David Zilberman(2007), "The Economics of Water,

Irrigation, and Development"（《水资源、灌溉和发展的经济学》）, in Robert Evenson and Prabhu Pingali, eds., *Handbook of Agricultural Economics*（《农业经济学手册》）, vol. 3（Amsterdam: Elsevier）, pp. 2933 – 77.

Sedlak, David（2014）, *Water 4. 0: The Past, Present, and Future of the World's Most Vital Resource*（《水资源 4.0 时代：世界最重要资源的过去、现在和未来》）（New Haven and London: Yale University Press）.

Shiklomanov, Igor A.（1993）, "World Fresh Water Resources"（《世界淡水资源》）, in Peter H. Gleick, ed., *Water in Crisis: A Guide to the World's Fresh Water Resources*（《处在危机中的水资源：世界淡水资源指南》）（New York: Oxford University Press）, pp. 13 – 24.

Shortle, James（2013）, "Economics and Environmental Markets: Lessons from Water-Quality Trading"（《经济和环境市场：水质交易过程中的教训》）, *Agricultural and Resource Economics Review*（《农业和资源经济学评论》）42: 1, pp. 57 – 74.

Solomon, Steven（2010）, *Water: The Epic Struggle for Wealth, Power, and Civilization*（《水：为财富、权力和文明的史诗斗争》）（New York: Harper）.

Song, Jennifer and Dale Whittington（2004）, "Why Have Some Countries on International Rivers Been Successful Negotiating Treaties? A Global Perspective"（《为什么部分国际河流沿岸国家在条约谈判方面取得了成功？一种全球性角度》）, *Water Resources Research*（《水资源研究》）40: 5, W05S06.

Squires, Nick（2017）, "Rome Turns Off Its Historic 'Big Nose' Drinking Fountains as Drought Grips Italy"（《意大利遭遇干旱，罗马关闭其历史悠久的"大鼻子"饮水喷泉》）, *The Telegraph*（《每日电讯报》）, June 29, http://www. telegraph. co. uk/news/2017/06/29/rome-turns-historic-big-nose-drinking-fountains-drought-grips/（accessed June 7, 2018）.

Sternberg, Troy（2016）, "Water Megaprojects in Deserts and Drylands"（《沙漠和干旱地区的大型水利项目》）, *International Journal of Water Resources Development*（《国际水资源开发杂志》）32: 2, pp. 301 – 20.

Timmerman, Jos, John Matthews, Sonja Koeppel, Daniel Valensuela and Niels Vlaanderen（2017）, "Improving Governance in Transboundary Cooperation in Water and Climate Change Adaptation"（《水资源和气候变化适应领域跨界合作治理的改善》）, *Water Policy*（《水资源政策》）19: 6, pp. 1014 – 29.

Tvedt, Terje（2016）, *Water and Society: Changing Perceptions of Societal and Historical Development*（《水与社会：社会和历史发展观念的转变》）（London: I. B. Tauris）.

UNDP（联合国开发计划署）（2006）, *Human Development Report 2006: Beyond Scarcity—Power, Poverty and the Global Water Crisis*（《2006 年人类发展报告：超越短缺——电力、贫困和全球水危机》）（Basingstoke, England:

Palgrave Macmillan).

UNEP(联合国环境规划署)(2012), *Status Report on the Application of Integrated Approaches to Water Resources Management*(《水资源综合治理方法应用情况报告》)(Nairobi：UNEP).

UNICEF(联合国儿童基金会) and WHO(世界卫生组织)(2015), *Progress on Sanitation and Drinking Water：2015 Update and MDG Assessment*(《卫生和饮用水方面进展：2015 年更新和千年发展目标评估》)(Geneva：WHO Press).

Vié, J-C., C. Hilton-Taylor and S. N. Stuart, eds.(2008), *The 2008 Review of the IUCN Red List of Threatened Species*(《2008 年世界自然保护联盟濒危物种红色名录综述》)(Gland, Switzerland：IUCN).

Vörösmarty, Charles J., Peter B. McIntyre, Mark O. Gessner, David Dudgeon, Alexander Prusevich, et al.(2012), "Global Threats to Human Water Security and River Biodiversity"(《人类水安全和河流生物多样性的全球性威胁》), *Nature*(《自然》) 467, pp. 555 - 61.

Whittington, Dale, W. Michael Hanemann, Claudia Sadoff and Marc Jeuland(2008), "The Challenge of Improving Water and Sanitation Services in Less Developed Countries"(《改善欠发达国家供水和卫生服务过程中所面临的挑战》), *Foundations and Trends in Microeconomics*(《微观经济学的基础与趋势》) 4：6 - 7, pp. 469 - 609.

Wittfogel, Karl A.(1955), "Developmental Aspects of Hydraulic Civilizations"(《水利文明的发展方向》), in Julian H. Steward, ed., *Irrigation Civilizations：A Comparative Study—A Symposium on Method and Result in Cross Cultural Regularities*(《灌溉文明：比较研究——关于跨文化规则的研究方法与结果专题论文集》)(Washington, DC：Pan American Union).

Wolf, Aaron T.(1999), "The Transboundary Freshwater Dispute Database Project"(《跨界淡水资源争端数据库项目》), *Water International*(《国际水资源》) 24：2, pp. 160 - 3.

Wolf, Aaron T.(2007), "Shared Waters：Conflict and Cooperation"(《共有水域：冲突与合作》), *Annual Review of Environment and Resources*(《环境与资源年鉴》) 32, pp. 241 - 69.

World Economic Forum(世界经济论坛)(2016), *The Global Risks Report 2016*(《2016 年全球风险报告》), 11th ed.(Geneva：World Economic Forum), available at http：//www3. weforum. org/docs/GRR/WEF _ GRR16. pdf(accessed June 7, 2018).

Young, Michael D.(2014a), "Designing Water Abstraction Regimes for an Ever-Changing and Ever-Varying Future"(《为不断变化的未来设计取水制度》), *Agricultural Water Management*(《农业水资源管理》) 145, pp. 32 - 8.

Young, Michael D. (2014b), "Trading into Trouble? Lessons from Australia's Mistakes in Water Policy Reform Sequencing"(《贸易陷入困境？澳大利亚在水资源政策改革顺序上的错误教训》), in K. William Easter and Qiuqiong Huang, eds., *Water Markets for the 21st Century: What Have We Learned?* (《21 世纪的水资源市场：我们学到了什么?》)(Dordrecht, Netherlands: Springer), pp. 203 – 14.

"同一颗星球"丛书书目